AF881014

# "EL GENOMA, EL ADN ES DIOS"

"Libro 1 de la serie de 9"

HÉCTOR JUÁREZ Y ZOLÁ

BARKER & JULES

BARKER & JULES

**"EL GENOMA, EL ADN ES DIOS"**

**Edición: Morlis Books™**
**Diseño de Portada: María Elisa Almanza | Barker & Jules Books™**
**Diseño de Interiores: María Elisa Almanza | Barker & Jules Books™**

**Tercera edición - 2020**


**I.S.B.N. | 978-1-64789-041-4**
**I.S.B.N. eBook | 978-1-64789-042-1**



**BARKER & JULES, LLC**
2248 Meridian Blvd. Ste. H, Minden, NV 89423
barkerandjules.com

# ÍNDICE GENERAL

# ÍNDICE DESGLOSADO

DEDICO ESTA OBRA, CON UN RECONOCIMIENTO ESPECIAL A MIS HIJAS PATRICIA SUSANA Y MARTHA THERESA, POR EL ESFUERZO DE CAPTURARLA, ADIVINANDO MIS JEROGLÍFICOS, QUE NI YO MISMO ENTIENDO:

A MI AMADÍSIMA ESPOSA

CARMELITA RIVAS GIULIANI MI ESPOSA, COMPAÑERA Y APOYO DE TODA MI VIDA.

A MIS PADRES Y A TODOS MIS ANCESTROS Y A MIS HERMANOS

A MIS HIJOS: HÉCTOR, SUSANA, ARTURO, DANIEL, MIRIAM Y MARTHA THERESA. Y A LUCY POR SU ALIENTO Y APOYO.

A MIS NIETOS: LIZETTE, PAOLA, DIANA, PABLO, DIEGO, ESTEBAN, DANIELA, SAULITO Y LILITH.

A LOS FAMILIARES PARIENTES Y AMIGOS Y,

EN ESPECIAL, A MI ESTIMADO AMIGO JOSÉ BECERRA FIGUEROA

# CAPÍTULO 1

Todos los secretos de la Biblia, del cristianismo, de los sistemas de creencias de la India de las mitologías y de la Kabaláh "develados", en una serie de 3 libros libros titulados El Genoma, el ADN es Dios". "Interpretación biológica de religiones y mitologías"

Todos los dioses y seres sobrenaturales que afarecen en los sistemas religiosos son órganos partes regiones, líquidos y sustancias del cuerpo humano*excepto el Dios vivo, , invisible, espiritual, creador de todo.

En los tres libros se interpretan tres religiones, la Kabalah y 23 mitologías. con este trabajo científico se pretende demostrar, con la biología humana, la existencia de dios.

En la obra completa se ofrece una visión nueva de las religiones y de las bases biológicas que todas ellas comparten. para demostrar la existencia de Dios con la Bología se han establecido 19 bases o hipótesis, de las cuales citamos, aquí, las primeras seis:

1ª. Hipótesis general: todas las religiones tienen como base a la biología humana.

2ª. El Universo y su origen, son símbolos religiosos del cuerpo humano y de su desarrollo, desde la fecundación del óvulo por el espermatozoide, hasta el desarrollo cigótico, embrionario, fetal y postfetal.

3ª. Todos los dioses y seres sobrenaturales que, de acuerdo con las mitologías, existen en el cielo, la tierra, los mares, las aguas y en el infierno, son símbolos religiosos de partes, órganos, líquidos, sustancias y funciones del cuerpo humano.

4ª. Las relaciones entre los dioses, su lugar jerárquico, sus acciones en el universo, sus relaciones con el hombre y con los demás seres sobrenaturales, son símbolos de la interacción de los órganos, de acuerdo con su importancia, localización, función y a su influencia física y psicológica en la vida humana.

5º.- El Genoma Humano, la sustancia más importante del cuerpo: su diseñador, su creador, su formador, su molde y prototipo, es el dios principal de religiones y mitologías. pero su culto en general fue relegado en favor de "la hipófisis anterior y posterior, que es el órgano más importante" y que según la mitologia griega, hereda la información del genoma...

En el pricipio de la formación de un cuerpo humano están primero dos espermatozoides haploides, o sea que tienen la mitad de los cromosomas necesarios para formar un nuevo ser humano. de estos dos espermatozoides uno tiene 23 cromosomas, uno de los cuales es llammado, por la genética "x". el otro espermatozoide tiene también 23 cromosomas, uno de los cuales es conocido como "y". estos cromosomas determinan el sexo del nuevo ser. si el x entra al óvulo nacerá una hembra. si el "y" es el que llega primero, dara vida a un humano varón. Una vez fecundado el óvulo, se completa la clave genética del nuevo ser, con 46 cromosomas, mitad por la clave normal paterna y la otra mitad por el medio genoma normal de la madre, más el adn mitocondrial aportado "solo y solamente" por la madre. esta unión de ADN paterno y materno, más el mitocondrial, exclusivo de la madre, forman el genoma del niño recién concebido.

6ª.- En las religiones monoteístas, el judaísmo, el cristianismo y el islamismo, Dios es el creador del universo, y por eso: Del Genoma y de todo.

En el cristianismo Dios Padre es el creador; Jesús, es el hijo, es el genoma. Por eso tiene dos naturalezas, la divina y la humana genómica. Dios y hombre verdadero. Es el Logos que señala San Juan, que existio "desde el principio y en el Logos está Dios y el Logos es Dios". Este Logos es el Genoma, que es de ADN, materia a la que le da vida Dios, que está allí, dandole vida a las cuatro bases del ADN que son los Querubines que multiplicados por tres mil millones, según lo dicen en sus visiones Daniel y Ezequiel, cuando contemplaron el Carro de de Dios, como ellos llaman al ADN.

El Espiritu Santo, el Espiritu de Dios, se manifiesta, en la glándula hipófisis. Según la mitología griega la Hipófisis-Zeus es heredera de la información genética del ADN. Esta glándula tiene dos formas de actuar, una la natural, es estar al frente del desarrollo físico y moral y de las necesidades materiales y esprituales del cuerpo-universo. La otra forma es dar las manifestaciones sobrenaturales en la vida espiritual: virtudes, carismas, dones, frutos, visiones, comunicaciones y presidir los fenómenos que se dan en una vida ascética y ligada al misticismo.

En las religiones politeístas, los seis dioses principales no son más que potencias, atributos, encargados, ayudantes, auxiliares del genoma, para cooperar en la administración y gobirno del universo-cuerpo humano. son las gláNdulas simbolizadas por un personaje-dios.

Estos seres están al frente de la satisfacción de una, de siete necesidad vitales:

La reproducción, Apolo,los testículos; Diana los ovarios; la alimentación, el páncreas, Ceres-Demeter; Ares-Marte, la corteza de las glándulas suprarrenales: trabajar, ejercicio, deporte y danza, a veces pelear en la guerra; estas glándulas también con la acción de su médula promueve el descanso, la recuperación y la diversión; la glándula tiroides-Afrodita-Venus, da la sociabilidad, es diosa del amor y la belleza, impulsa a la sexualidad,osea por su hijo Eros; las glándulas Paratiroides-Hermes –Mercurio, es el dios del comercio, de la política y del robo; impulsa y promueve la apropiación de bienes, legal o ilegalmente y como grupo y a nivel indidividual tener un territorio, un terreno, es dios de los embajadores y de la política intenaciional;

La glandula hipófisis, con sus dos partes-Zeus y Hera-Júpiter y Juno, preside y organiza y gobierna las sociedades, jerarquiza y da un status o rango o lugar dentro de la sociedad, en este caso es el destino de cada quien, siendo este fijo o variable según la voluntad de Zeus y de acuerdo con las necesidades humanas individuales y de la sociedad. junto con Minerva-Athena-el lóbulo frontal, preside el progreso de los grupos humanos y favorece las actividades culturales: arte, tecnología, ciencia y religión, que apoyan la vida y requieren de un desarrollo constante o progreso, debido al constante aumento de la población humana.

Los ángeles del cristianismo y seres espirituales, muchos de ellos incorpóreos, algunos malignos son: moléculas, enzimas, neurotransmisores, hormonas, glándulas. En el judaísmo y cristianismo tienen nombres, y hay grupos y jerarquías de acuerdo con su lugar o sus acciónes, por ejemplo: querubines, 4 x mil millones, son los que conforman el nombre de Dios, las letras del ADN y esta estructura completa es el Carro de Dios, la Merkabáh. son los "4 santos animales vivientes", que parece ser que son las únicas sustancias que tienen vida, todo lo que contiene el cuerpo es solo materia, ilusión de vida: son maya dicen en el hinduismo. son un velo que parece que tiene vida.

Los dos largueros de la escalera del ADN son los Serafines, moléculas de un azucar y fosforo, que por este briallan. son los sostenes de las cuatro bases o nucleótidos o Querubines o letras del "Libro de Dios o de la vida. Así hay 9 coros o familias de ángeles y tronos, principados y arcángeles. y mucho más, que eatán interpretaos en los nueve libros. admás están las espiritualmente malignas, que empiezan a ser porque el ADN las sintetiza.

# CAPÍTULO 2

## *EL GENOMA HUMANO Y EL ADN.*

Genoma se le llama al conjunto de genes del ser humano y tambien el de todos los seres vivos. El conjunto contiene los genes del padre, más los de la madre y el ADN mitocondrial que solo la muje los tansmite. Ese conjunto genómico se encuentra en el núcleo de cada célula del cuerpo, así es que somos portadores de millones de copias de la substancia que contiene , en clave biológica, la informacioó, para formar un nuevo ser. genoma que nos da la vida, un juego en cada célula.

El genoma es el portador de la herencia. Es la estructura primigenia de la vida. Es un compuesto de átomos de carbono, oxigeno, nitrógeno, hidrógeno y fósforo. el acomodamiento de estos átomos, su estructuración, sus secuencias, conforman el ácido desoxirribonucleico, "ADN", que es el componente material, codificado, del genoma. El primer principio biológico, que da vida y origen a un humano, se puede imaginar que el genoma es como un libro, es todo el libro. el ADN conforma "las hojas y las letras o alfabeto biológico". de la información que está allí, cada cuatro bases o nucleótidos, de los 3000 millones forman un escalón de ADN. el nombre de cada base es t, g, a, y c, timina, guanina, adenina y citosina, combinadas en pares. cada tres pares dan las instrucción para formar un amino ácido y varios aminoacidas son un gen o una una proteína. El acomodamiento de genes da las instrucciones para formar, a todas las células, a todos los tejidos, a todos los órganos, a todos los sistemas a todas la glándulas, a todas las sustancias y líquidos, a todas las partes y regionesdel cuerpo y a todos los accesorios placentarios. No solo eso, también las caraterísicasétnicas, genotípicas, mentales, espirituales, las posibilidades necesarias para ocupar un lugar en la sociedad y para enfrentar la vida. Allí está definido nuestro destino, es más a esa estructura se la ha llamado "El Destino". en las religiones y mitologías, es Dios, el Hacedor del ser humano.

Interpretación biológica. Ejemplo, del ADN aportado por el padre, que lleva el cromosoma "y" masculino, o un cromosoma "x" femeninose que van a formar el sistema nervioso la piel y otros tejidos. El ADN materno, que está en el óvulo, siempre contiene un cromosoma "x" que contiene en clave, órganos y tejidos, y aporta también las mitocondrias que en cada célula van a ser "las centrles de producción de la energía para todas las reacciones del organismo. En este punto del futuro desarrollo del Cuerpo-Universo, en la mitología griega, ya sea al espermatozoide "x" o al "y" se le llama "Ourano, el cielo estrellado". esto significa que el espermatozoide "x o y" aportan la información par formar, entre otros, el tejido nervioso con todos sus anexos, neuroglia, órganos de los sentidos, etc. este tejido va a estar principalmente en la cabeza, que en todas los sistemas de creencias es tenida como el cielo del universo. Las estrellas del cielo son las neuronas; las constelaciones son zonas cerebrales; las nubes son las masas cerebrales, etc. El óvulo, es llamado "Gea, la Tierra", aporta como ya se dijo, toda la información genética para formar los órganos, además de aportar el ADN mitocondrial. Asi, hallamos que todo el organismo humano y los accesorios placentarios están contenidos en el genoma compuesto por polimeros de ADN, que pareados conforman la escalera con tres mil millones de escalones. Además estas moléculas llevan una parte que estructura los dos largueros de esa ecalera retorcida helicoidalmente que todo mundo conoce. Así, por todo esto se colige que todo el cuerpo human está contenido en clave en el genoma; que todo el cuerpo humano está contenido en germen en el óvulo fecundado, con esto tenemos dos planos y el tercer plano es el mismo cuerpo humano. Todo esto está más extenso y explicado en toda la obra.

"Puede decirse que cada actividad humana queda enmarcada, impulsada y controlada por una necesidad, una glándula y zonas o redes neuronales".

Este libro es una presentación de partes del tomo uno de tres, de mi autoría y comparte el mismo título.

En todas las religiones se encuentran una serie de dioses entre principales, secundarios y otros seres espirituales, todos ellos enmarcados dentro del "universo" del cual se relata su aparición o creación.

Estos seres, los principales, son llamados en una u otra forma "dioses", estos seres son: potencias, cualidades, ayudantes, auxiliares que están jerarquizados y supeditados al que ocupa el primer lugar, al que se le considera el Ser Máximo, el Ser Superior, el Rey de ese Universo, realmente el Dios Único que los contiene a todos.

Hacemos notar que todas las mitologías comienzan con el relato del origen del universo, que es el momento en que el espermatozoide fecunda al óvulo. valga esto para todas las mitologías presentadas en estas obras.

En general las glándulas de secreión interna son los dioses principales. con uno a la cabeza de todos que tiene dos partes: la parte anterior de la hipófisis y la posterior. La anterior es llamada Zeus en Grecia, Júpiter Dios Padre en Roma; la posteror, es su esposa Hera o Juno, los dos sentados en su trono, la silla turca del hueso esfenoides, reinan en el universo-uerpo humano.

Las jerarquias de dioses mayores, en la mitología griega, son doce. Las hormonas, los neurotransmisores, las enzimas, conforman las jerarquías de ángeles, arcángeles, estructuras y seres auxiliares que ayudan a administrar, a haer funcionar y controlar al universo.

Leyendas mitológicas que apoyan las deducciones y las interpretaciones:

El univero, es el cuerpo humano. El comienzo de cada sistema, admite fácilmente la interpretación. n la mitología griega encontramos:

5.2. Generación de los dioses y origen de todas las cosas. desde el Caos hasta Urano."Antes de existir el mar, la tierra (el cuerpo) y la inmensa bóveda celeste (la cabeza), era el universo (todo el cuerpo) "una sola masa" (el óvulo fecundado que en otros sistemas llaman huevo-mundo o Cósmico) informe, conjunto inerte y confuso de elementos mal combinados, que fue colocado en el útero) llamado "Caos"... así comienza el poeta Ovidio su obra: "Mitología".

El Caos: del lat. chaos, y este del gr. χάοσ cháos; propiamente 'abertura', 'agujero', estado amorfo e indefinido que se supone anterior a la ordenación del Cosmos, el Cuerpo Humano.

Según Hesíodo en su "Teogonía", "el caos" (el útero) era el espacio tenebroso, y fue antes de todas las cosas. El útero esta listo antes de la feundación. Apareció después Gea o Titea (el óvulo fecundado), la tierra, o la materia terrestre en vías de formación (todo el cuerpo humano en desarrollo, y luego Eros (el deseo sexual), el más bello entre los inmortales, a cuyo seductor encanto no podían resistir los corazones. Este último no produce nada por sí mismo, pero en virtud de su influjo, tienden a unirse todos los seres y los elementos, y esta unión engendra "la vida". Mediante él, en efecto, proceden sucesivamente, del Caos y de Gea, "todas las cosas" (todos los órganos): el espacio y la materia terrestre. del primero (del Caos) nacen Erebo y la Noche o las Tinieblas Inferiores y Superiores, las que uniéndose a su vez engendran al Éter y al Día, la Luz de las Esferas Superiores y la Luz de la Atmósfera Terrestre. De la Segunda nace Urano, el Cielo Estrellado (el sistema nervioso), cuya Bóveda (la cabeza) envuelve eternamente a Gea, y habrá de servir de Mansión a los Dioses Inmortales".

Interpretación:

a). El Caos, el espacio tenebroso que fue antes de todas las cosas, es el símbolo del útero o matriz, que está ya preparado para la implantación del óvulo fecundado.

b). Gea o la Tierra es el óvulo fecundado, es todo el cuerpo humano en vías de formación, y aparece después del Caos.

c). Eros, a cuyo seductor influjo, dice el poeta, se unen todos los seres y origina todas las cosas, era llamado Cupido en Roma, hijo de Venus diosa del amor, "es el deseo sexual" o ganas de reproducirse, provoca la calentura o exitación, lo cual más adelante se demostrará. Por un lado es lógico que Eros sea el causante de la unión sexual que fecunda al óvulo. por otro, al decir el poeta que mediante él, el Caos y Gea producen todas las cosas, Indudablemente se refiere a que este impulso erótico, existente en alguna forma en la célula fecundada, la lleva a multiplicarse o reproducirse, y de esta reproducción se originan todos los órganos y partes del ser humano.

Se halla en la Cosmogonía china el mito del enorme Huevo Cósmico. Hemos hallado distintas versiones del mismo mito, pero todas ellas coinciden básicamente en la presentación de una misma idea: encontramos un mito, que como muchos otros, nos lleva a la forma de Caos preexistente, a un Universo Original sin definir (el huevo cósmico), donde reside un ser superior (P'anku), de cuya acción y sacrificio procede nuestro Universo, (ordenó el Mundo y al romperse el Huevo, P'anku murió). la primera mención de esta legenda, la encontramos en el libro de Xu Zheng en el periodo de los tres reinos (220265 d. c.).

En la cultura china este mito está muy arraigado, incluso hay una frase hecha a partir del mismo: «desde que P'anku creó el Cielo y la Tierra», para significar desde hace mucho tiempo. En una de las variantes del mito encontradas, se nos relata que al principio, los Cielos y la Tierra eran solamente uno y todo era Caos. El Universo, como un enorme Huevo Negro, llevaba en su interior a P'anku. Tras 18 000 años P'anku se despertó de un largo sueño, se sintió sofocado, por lo cual empuñó un hacha enorme y la empleó para abrir el Huevo. la luz, la parte clara, ascendió y formó los Cielos, la materia fría y turbia permaneció debajo para formar la Tierra. P'anku se quedó en el medio, con su Cabeza tocando el Cielo y sus pies sobre la Tierra. La Tierra y el Cielo empezaron a crecer a razón de diez pies al día, y P'anku creció con ellos. Después de otros 18 000 años el Cielo era más grande y la Tierra más gruesa; P'anku permaneció entre ellos como un pilar gigantesco, impidiendo que volviesen a estar unidos. El relato sigue contando cómo P'anku falleció y distintas partes de su organismo, se transformaron en elementos de nuestro mundo. su Aliento se transformó en el Viento y las Nubes, su voz se convirtió en el Trueno. De su cuerpo, un ojo se transformó en el Sol y el otro en la Luna. su cuerpo y sus miembros, se convirtieron en cinco grandes Montañas y de su sangre se formó el Agua. Sus venas se convirtieron en Caminos de larga extensión y sus músculos en fértiles campos. Las incontables Estrellas del Cielo aparecieron de su pelo y su barba, y las flores y árboles se formaron a partir de su piel y del fino vello de su cuerpo. su médula se transformó en jade y en perlas. su sudor fluyó como la generosa lluvia y el dulce rocío que alimenta a todas las cosas vivas de la tierra.

En otras versiones del mito, sus lágrimas fluyeron para convertirse en Ríos y el resplandor de sus ojos se transformó en el Trueno y el Relámpago. Según esta interpretación, cuando P'anku estaba contento brillaba el sol, pero cuando estaba enfadado negras nubes cubrían el cielo.

También la aparición del ser humano, se explica en este mito de P'anku, ya que según algunos relatos, las pulgas y los piojos que P'anku tenía en su cuerpo, se convirtieron en los antecesores de la humanidad.

En otras interpretaciones P'anku es descrito como el Gigante chino que nació como un enanito dentro del primitivo Huevo Cósmico. la parte superior del Huevo formó los Cielos (yang) y la parte inferior formó la Tierra. P'anku creció diez pies por día y empujó la cáscara del Huevo un poco más y un poco más. Entonces, transcurridos 13 000 años (en vez de los 18 000 de las versiones anteriores) P'anku estalló. sus ojos se convirtieron en el Sol y la Luna (en esta parte sí coincide con otros relatos); su cabeza se transformó en las cuatro montañas sagradas (en otras versiones son cinco); su Sangre dio lugar a los Mares y los Ríos; de su pelo se formaron los campos y los árboles; su aliento se transformó en el viento, su sudor en la lluvia y su voz en el trueno. las pulgas que vivían en su cuerpo eran los antecesores de los seres humanos.

Como se señala anteriormente, los relatos coinciden en múltiples detalles, pero también contienen datos diferentes, sin embrago en todos ellos apreciamos que es P'anku el creador del Universo y que nuestro mundo existe gracias a su sacrificio. El Huevo Cósmico donde se formó P'anku es un claro ejemplo de la idea del óvulo primitivo, fecundado, (el «enorme Huevo Negro», mencionado en la primera versión expuesta de este mito). En el mito de creación de P'anku también encontramos la idea de la formación de la Tierra y el Cielo a partir de la separación de la materia original y primitiva. Por otro lado, esta leyenda china recuerda al mito nórdico del Gigante Ymir, ya que en ambos casos, la tierra, el cielo y otros elementos de la naturaleza (la lluvia, los árboles...) surgen como restos corporales de esos seres primitivos.

# CAPÍTULO 3

## *DOS FRASES*

## *BREVEHISTORIADEESTOSDESCUBRIMIENTOS.*

Siempre he sido un lector voraz. En un momento dado, hace ya casi 60 años, tuve en mis manos un libro dedicado a ensalzar a Gregorio Marañón y a su obra: médico, endocrinólogo, investigador, escritor y político español. Uno de esos hombres polifacéticos, que dejan huella en los terrenos del quehacer humano en que incursionan. En el prefacio de ese libro, en un punto en que se describían los trabajos de Marañón sobre las glándulas de secreción interna, había citadas "dos frases" que llamaron poderosamente mi atención: la primera atribuida a Albert Einstein, decía: "no es el astrónomo el que va a descubrir a Dios, sino el biólogo"; de la segunda no recuerdo el nombre del autor y ya no tengo el libro a la mano, esta decía, "nunca estuvo el hombre más cerca de los dioses, sino cuando empezó a estudiar las glándulas". Las frases me llevaron, inmediatamente a asociar, que la embriología señalaba que durante  el desarrollo del embrión del ser humano y de los animales, los futuros órganos del ser en formación, así como todos sus accesorios, se originan y desarrollan a partir de puntos, localizaciones, o centros celulares llamados "organizadores". la inferencia a la que llegué fue la siguiente: ¿no serán dichos organizadores los dioses de las mitologías? ¿no será el Dios único y verdadero el primer organizador, o el principal motor del desarrollo embrionario?

En cuanto vi las frases, de inmediato sentí prisa y urgencia de consultar, en la biblioteca, las obras que tenían sobre las antiguas mitologías. Al principio no fue fácil, pero después, poco a poco y más y más, fui encontrando las funciones de los órganos humanos, ocultas, detrás del hermoso ropaje literario que reviste a las leyendas y hazañas de los dioses, y de los héroes que en ellas aparecen.

Asombrado, me preguntaba: ¿cómo es posible que, por siglos, nadie se hubiera dado cuenta del posible significado de tales leyendas? ¿cómo pudieron llegar los creadores de los mitos a tales conocimientos? cuando la mayor parte de ellos los alcanzó el hombre desde hace muy poco tiempo. casi todos en los últimos doscientos años. no puede ser, debo estar equivocado.

Mi conclusión fue: si las mitologías griega y romana admiten esta interpretación, es posible que tengan una base biológica. y si todas las mitologías admiten también esa interpretación, entonces parece más seguro que todas estén basadas en la biología humana. pero si la Biblia y el cristianismo, concuerdan con fenómenos biológicos, entonces, es indudable, que todas las mitologías y los grandes sistemas religiosos tienen su origen y base en la biología humana.

Quiero citar lo que han dicho algunas personas que por sus actividades pueden dar una opinión autorizada sobre este trabajo:

1.1 la Maestra Ernestina Coronas, bióloga, antropóloga, bioquímica. Investigadora de tiempo completo del Instituto de Biología de la UNAM, que me iba a dar un cuarto de hora, para escuchar mis "descubbrimientos" y que al final de cuentas estuvimos platicando 4 horas. Al acabar de comentarle, me dijo: "yo pensé que usted había descubierto el agua tibia o el hilo negro", pero le puedo decir que indudablemente ha hallado la explicación científica de las religiones. Ella fue la primera persona que oía mis deducciones.

2. La opinión del entonces subdirector del "Derecho de Autor", al entregarme el certificado de registro. "cuando termine la obra, acuda a nosotros para que nuestro departamento jurídico lo ayude a negociar su publicación, en las mejores condiciones para usted. Es una gran obra.

3. El editor alemán, Klaus Thiele, que publicaba en México obras de lujo, con temas precolombinos, en ediciones bilingües: "cuando la termine hable conmigo, para conectarlo con agentes literarios de Barcelona, Milán o Frankfurt".

4. El agregado de prensa de la embajada de Israel, Mario Nudelstejer: acabe la obra, hágase un foro, publíquela; una cosa le garantizamos: "no creemos que este equivocado".

Se presenta, en cada capítulo, primero el párrafo de la mitología que se está analizando, y en seguida se hace la interpretación biológica, de dicha parte: de acuerdo con las bases interpretativas, de este prólogo.

Se han tomado datos de las mitologías, de la biología, embriología, anatomía, fisiología, antropología, sociología, y demás ciencias afines en que se apoya este estudio.Todas las interpretaciones en esta obra son de mi autoría.

Se presentan primero las mitologías griega y romana, por ser las más conocidas y sistematizadas, por lo cual, su interpretación biológica es más evidente y completa.

Tomaremos, al pie de la letra, todos los datos mitológicos, de "Los dioses de Grecia y Roma", de Víctor Gebhardt, Editora Nacional, México D.F. 1968)

# CAPÍTULO 4

## *PARÁMETROS TEMPORALES:*

Aquí quiero citar los parámetros en que divido el tiempo, para enmarcar mis hallazgos, las hipótesis y teorías que me permiten establecer mis comentarios.

1°. El Big Bang. el comienzo del universo. según la ciencia, ocurrió desde hace 13 mil a 15 mil millones de años.

2°. El comienzo de la vida en la tierra: hace 3500 millones de años.

3° Evolución de los principales ancestros de los primates y del ser humano: homininos. hominino sahelantropus tchadensis: desde hace 7 a 6 millones de años; australopitecus, australopithecus anamensis: de 4.2 a 3.9 millones de años; paranthropus. paranthropus aethiopicus 2.6 a 2.2 millones de años; género homo. homo habilis 1.9 a 1.6 millones de años; homo sapiens. hombre de kibish hace 195 mil años; el hombre de herto, homo sapiens idaltu 158 mil años; homo sapiens sapiens desde hace 190 a 160 mil años. Salida del hombre, de África, desde hace 80 mil a 60 mil años.

4°. Comienzo de la de la agricultura, la ganadería, de la civilización y la cultura desde hace 10 hasta hace 6 mil años. Gran desarrollo de la tecnología, del arte, de la ciencia y de la religión, desde los últimos tiempos señalados.

Los seres humanos "reciben", como lo veremos, capacidades mentales que les permiten apreder, memorizar, escribir, conservar, inventar, y utilizar estructuras lingüísticas complejas, lógicas. desarrollar las matemáticas, la escritura, la ciencia y la tecnología. Los humanos son animales sociales, capaces de concebir, aprender transmitir conceptos totalmente abstractos.

5° De acuerdo con las leyendas de la creación del hombre, en las mitologías y religiones, tomamos como paradigma la creación de Adán y Eva, por ser historias muy conocidas.

Las fechas que se pueden colegir de la Biblia van desde hace unos 7 a 6 mil años. este momento parece ser el mismo de la aparición de Palas-Atenea en Grecia. Creo que esto se hará evidente conforme a lo que se dice enseguida:

"en el sexto día de la creación" dios hizo al hombre del barro o lodo de la tierra, e insufló en su cara: algunas versiones dicen que en su frente o en su nariz: un espíritu de vida, de "vida racional".

Este es el momento en el que Dios, via el Logos el Genoma-Dios, hace cambios y adaptaciones en el genotipo, que van a dar al hombre un aumento de la masa cerebral, o sea el mayor desarrollo del lóbulo frontal. y no solo esto, sino también cambios en el fenotipo: nariz estrecha y alta, frente alta, hundimiento de la cara que hace que esta quede debajo de la masa frontal cerebral, reducción de la altura de los pómulos. y a través de una nueva evolución por otros medios, la capacidad del hombre para crear, inventar, aplicar y conservar todos los logros de la civilización y la cultura. Siendo Palas-Atenea, la que esta al frente de tales capacidades y actividades.

Entonces, Adán y Eva representan y son los primeros espermatozoides y óvulos, que mutados, dieron al hombre dichas capacidades desde hace unos 8 ó 7 mil años. Además estos cambios se dieron juntamente con el cominenzo de los logros de la civilización y la cultura.

La evolución y el desarrollo de la humanidad son semejantes al desarrollo de un ser humano: primero infante, después niño, luego joven y enseguida adulto y anciano. durante este proceso pasa de la inconsciencia a la conciencia; de la ignorancia al conocimiento; psicológicamente, del principio del placer al principio de la realidad; del pensamiento mágico y fantasioso a un modo, más o menos lógico y racional de entender la vida; de la dependencia a la independencia; de la inmadurez a la madurez, en fin "de las tinieblas a la luz". así como el adulto ignora y no recuerda su primera infancia, así también la humanidad, por miles de años desconoció todo lo referente a su origen y su pasado más remoto.

En los estadios primitivos, y ante la ignorancia de principios, leyes y causas de la existencia de todo y de sí mismos, nuestros antepasados elaboraron respuestas de acuerdo con su experiencia, imaginación e idiosincrasia, además de acuerdo con su ambiente y el entorno que los rodeaba. de este modo se dieron decenas o cientos de respuestas y explicaciones, desde las más simples e ingenuas, hasta las más complejas y sofisticadas, conforme avanzó el desarrollo cultural de muchos grupos humanos.

Por esto ha habido en el mundo, y hay aún en la actualidad, infinidad de creencias y religiones:

"SI RECORRES EL MUNDO, PODRÁS HALLAR CIUDADESSINMURALLAS,PUEBLOSSINLITERATURA, SIN LEYES NI MAGISTRADOS, SIN CASAS Y SIN MONEDAS, PERO JAMÁS HALLARÁS UN PUEBLO SIN DIOS, SIN SACERDOTES, SIN ALTAR, SIN SACRIFICIOS" (PLUTARCO).

"Y AHORA SE VA A RELATAR EL ORIGEN DE TODO, SE VA A DECIR CÓMO APARECIERON TODAS ESTAS COSAS: CÓMO SURGIÓ ESTE

HU0EVO-UNIVERSO-MUNDO,

LOS DIOSES, EL HOMBRE Y TODO LO QUE EN ÉL EXISTE Y HABITA.

---

# CAPÍTULO 5

## lAS MITOLOGÍAS GRIEGA Y ROMANA

## *EL ORIGEN DE TODAS LAS COSAS*

### 5.1.- INTRODUCCION

Se presentan primero las mitologías griega y romana, por ser las más conocidas y sistematizadas, por lo cual, su interpretación biológica es más evidente y completa. (Tomaremos, al pie de la letra, todos los datos mitológicos, de "Los Dioses de Grecia y Roma", de Víctor Gebhardt, Editora Nacional, México D.F. 1968)

Después de analizar las generaciones divinas y el origen de todas las cosas, seguiremos con la interpretación de las divinidades. Se dividen éstas en dioses Mayores, Olímpicos o Consentes; dioses Auxiliares o Patricios; dioses Menores y Semidioses y héroes.

El Consejo Olímpico estaba formado por doce dioses Mayores. Estos están representados en dos monumentos antiguos, existentes en el Louvre, y son a saber: Zeus (Júpiter en roma); Hera (Juno); Poseidón (Neptuno); Demeter (Ceres); Apolo (el mismo en Roma); Artemisa (Diana); Hefestos (Vulcano); Atena (Minerva); Ares (Marte); Afrodita (Venus); Hermes (Mercurio) y Hestia (Vesta). Estos dioses aparecen igualmente en el altar astrológico, acompañados por los signos del Zodíaco esculpidos a su alrededor.

Los dioses auxiliares o patricios eran ocho. Se les consideraba también como mayores, pero no formaban parte del Consejo Olímpico: Cronos (Saturno); Jano (solo en Roma, sin igual en Grecia); Dionisos (Baco), Hades (Plutón); Eros (Cupido o Amor); Cibeles, Proserpina (Anfitrite).

Los dioses menores comprendían a todos los demás, Marco Varrón decía que eran más de treinta mil, ya que la imaginación humana, sobre todo en Roma, lo divinizó todo, hasta las virtudes y los vicios.

La mitología se enlaza con la historia a través de las tradiciones heroicas, dando existencia a los héroes o semidioses. Solamente algunas de las tradiciones serán presentadas en esta obra. Las que parece que encierran un claro trasfondo biológico.

Se hará el análisis de las divinidades siguiendo las obras mitológicas, que las clasifican, según sus atributos y elementos en que actúan e imperan, en: dioses del Cielo; de la Tierra; de las Aguas; del Aire; del Fuego y divinidades Infernales.

Como señalamos en la introducción, las mitologías no son un conjunto de partes armónicas entre sí. Son un conjunto de conocimientos compilados al azar, al que poetas, filósofos, historiadores y comentaristas han explicado, ampliado, vulgarizado y agregado diferentes partes, dando lugar al error y a la confusión. Al interpretar los símbolos mitológicos de acuerdo con los conocimientos de la biología actual, se tratará de aclarar hasta donde sea posible la coincidencia de los fenómenos descritos.

Por lo anterior hacemos notar que todas las mitologías comienzan con el relato del origen del Universo, que es el momento en que el espermatozoide fecunda al óvulo. Valga esto para todas las mitologías presentadas en estas obras.

5.2.- Generación de los dioses y origen de todas las cosas. desde el Caos hasta Urano.

"Antes de existir el Mar, la Tierra y la inmensa Bóveda Celeste, era el Universo "una sola masa" informe, conjunto inerte y confuso de elementos mal combinados que fue llamado "Caos"... Así comienza el poeta Ovidio su obra: Mitología. "El Sol no era todavía luminar del mundo, ni la Luna suplía la ausencia de su claridad. No estaba aún la Tierra en equilibrio, por su propio peso suspendida en el seno del Aire, ni el Mar extendía sus brazos, a lo largo de las dilatadas riberas. Tierra y Mar y Aire, todo estaba en confusión, y ni la Tierra tenía fijeza, ni el Agua era navegable, ni el Aire era transparente. No había elemento que tuviese forma. Juntos todos los cuerpos y unos a otros contrarios, los fríos, húmedos, blandos y ligeros, combatían y contrastaban a los calientes, áridos, duros y pesados"...

Interpretación:

a).- Si como ya dijimos antes, las narraciones mitológicas son el relato simbólico de la formación del cuerpo humano, estas leyendas sobre el origen del universo representan un "conjunto de ideas" sobre el desarrollo del óvulo a partir de la fecundación. El óvulo fecundado, que contiene al cuerpo humano en potencia, que es al mismo tiempo el "Universo Entero", fue llamado "Caos" por Ovidio. Este Caos existió antes de que hubiera circulación sanguínea, antes de que hubiera cuerpo y cabeza. En este Caos "todas las cosas", "todas las partes" del cuerpo humano, se considera que están "revueltas" en un conjunto "inerte y confuso", según el poeta.

5.3.- El Caos

Según Hesíodo en su "Teogonía", "el Caos" era el espacio tenebroso, y fue antes de todas las cosas. Apareció después Gea o Titea, la tierra, o la materia terrestre en vías de formación, y luego Eros, el más bello entre los inmortales, a cuyo seductor encanto no podían resistir los corazones. El último no produce nada por sí mismo, pero en virtud de su influjo, tienden a unirse todos los seres y los elementos, y esta unión engendra "La vida". Mediante él, en efecto, proceden sucesivamente, del Caos y de Gea, "todas las cosas": el espacio y la materia terrestre. Del primero nacen Erebo y la noche o las Tinieblas Inferiores y Superiores, las que uniéndose a su vez engendran al Éter y al Día, la Luz de las Esferas Superiores y la Luz de la Atmósfera Terrestre. De la segunda nace Urano, el Cielo Estrellado, cuya Bóveda envuelve eternamente a Gea, y habrá de servir de mansión a los dioses inmortales".

Interpretación:

a).- El Caos, el espacio tenebroso que fue antes de todas las cosas, parece ser el símbolo del útero o matriz, que está ya preparado para la implantación del óvulo fecundado.

b).- Gea o la Tierra es el óvulo fecundado, es todo el cuerpo humano en vías de formación, y aparece después del Caos.

c).- Eros, a cuyo seductor influjo, dice el poeta, se unen todos los seres y origina todas las cosas, era llamado Cupido en Roma, hijo de Venus Diosa del Amor, es el deseo sexual, lo cual más adelante se demostrará. Por un lado es lógico que EROS sea el causante de la unión sexual que fecunda al óvulo. Por otro, al decir el poeta que mediante él, el Caos y Gea producen todas las cosas, indudablemente se refiere a que este impulso erótico, existente en alguna forma en la célula fecundada, la lleva a multiplicarse o reproducirse, y de esta reproducción se originan todos los órganos y partes del ser humano.

d).- Del Caos nacen Erebo y la Noche, los que a su vez dan vida al Éter y al Día. Se dijo en la base interpretativa número catorce, que un mismo símbolo puede estar aplicado a diferentes aspectos del desarrollo embrionario humano. En este caso de acuerdo con la etapa descriptiva del óvulo fecundado, y de acuerdo con el poeta, el Erebo y la Noche pueden referirse a los órganos accesorios embrionarios en vías de formación, antes de la placentación, por ejemplo: el saco vitelino, el alantoides, el corión, el amnios y la placenta, por medio de la cual se va a establecer la circulación que alimentará al embrión. El Éter y el Día pueden ser símbolos del polo animal del embrión.

e).- De Gea la Tierra, el cuerpo embrionario en vías de formación, nace Urano, el Cielo Estrellado, símbolo del sistema nervioso y de la cabeza. La Bóveda del Cielo Estrellado, envuelve enteramente a Gea; el Ectodermo, la capa embrionaria de la cual se va a originar todo el sistema nervioso, envuelve enteramente al Endodermo, la segunda capa embrionaria.

5.4.- OTRAS IDEAS COSMOGÓNICAS.

En otros relatos mitológicos encontramos la explicación del origen del universo, que confirman los puntos de vista anteriores.

La cosmogonía pelásgica nos dice que "Eurinome, hija del Caos, después de ciertos incidentes, se halla un "Huevo, que es el Mundo Entero". Un monstruo llamado Ofión, ciñe el huevo siete veces, aprieta y lo rompe en dos. De una cáscara salen el Sol, la Luna y las Estrellas, y de la otra la Tierra, los árboles y las plantas todas. Salen también los peces y los animales que van por la tierra".

Interpretación:

a).- El Huevo, que es el "Mundo Entero", es el óvulo fecundado que va a formar al "cuerpo entero". Las siete veces que lo ciñe el monstruo, puede ser referencia a las primeras siete divisiones del óvulo fecundado, o a las divisiones que se llevan a cabo los siete primeros días de la multiplicación del óvulo fecundado. "la Partición en Dos" es tanto la primera etapa de la división ovular, como la formación de las dos primeras hojas germinativas o capas embrionarias. Las cáscaras son una clara alusión a dichas hojas germinativas. De una de ellas va a "salir" la cabeza, con el sistema nervioso, que contiene a la masa cerebral o "Estrellas", y en el cual está la cara del hombre o el Sol, o la cara de la mujer o la Luna. De la otra capa, van a salir, después de la formación del Mesodermo, el cuerpo: La Tierra, y los órganos, tejidos accesorios y músculos, citados en esta cosmogonía al estilo bíblico de "plantas, árboles, peces y animales".

5.5. Ciclo de Urano

"De Gea nace Urano, el Cielo Estrellado, cuya Bóveda la envuelve enteramente y va a ser la mansión de los dioses inmortales. Engendra luego al Titán Atlas y al abismo de los mares, llamado Pontos por el poeta".

Interpretación:

a).- El óvulo fecundado, al dividirse, forma una esfera

hueca llamada mórula, la cual tiene dos polos, el polo superior o animal y el polo inferior o vegetativo. Al proseguir la multiplicación y división celular, la mórula pasa a la forma llamada gástrula, especie de pelota aplastada, que contiene dos hojas germinativas, la externa o Ectodermo y la interna o Endodermo, a partir de las cuales, por una mayor multiplicación, y mediante el reacomodamiento celular, se forma la hoja intermedia o Mesodermo A partir de estas tres hojas se forma el embrión humano y las envolturas y accesorios placentarios que lo van a proteger y alimentar durante el embarazo. La idea de Urano, el Cielo Estrellado, abarca tanto al polo animal del germen humano, como al Ectodermo y a la Cabeza o Bóveda Celeste.

b).- La idea de Gea o Titea, la masa terrestre en vías de formación, abarca tanto al polo vegetativo del germen humano como al Endodermo y al Mesodermo, así como a todo el cuerpo humano sin La Cabeza. Atlas, engendrado por Gea, es en esta etapa, el rudimento de la columna vertebral. Pontos, el abismo de los Mares, es el rudimento del Corazón. El corazón es el primer órgano en manifestar actividad.

5.6.- Unión de Gea y Urano

"Gea se enlaza con Urano para dar existencia a los demás seres y elementos, y su unión es el origen de la vida universal. De ellos nacieron el Océano, Río de los Ríos, Río inmenso cuya ancha corriente, de la que nacen las fuentes, los Ríos, el mismo Mar, rodea Tierra y Agua y es el límite de todo lo visible. Luego los Titanes en número de doce. Fueron igualmente sus hijos Cronos y Rea, la Tierra, los que después se unieron a su vez. De Gea nacieron los tres Ciclopes primitivos y tres monstruosos seres llamados Coto, Briareo y Gyes, su cuerpo deforme tenía cincuenta cabezas y estaba armado de cien brazos".

Interpretación:

a).- La unión de Gea y Urano, las hojas germinativas primarias, da origen a la hoja germinativa media o Mesodermo, y estas tres hojas "engendran" a todos los órganos del cuerpo humano o "Universo". De ellas nacieron "Océano", la totalidad de los líquidos de la circulación del cuerpo, comprendiendo tanto la sangre que es el Mar, al sistema linfático que son los Ríos, y "Las Fuentes y Lagunas", por ejemplo: el líquido cefalorraquídeo, la orina, etc. la sangre y el sistema linfático forman una especie de ancha corriente, que "rodea" a la tierra entera, y es límite de todo lo visible, "de todas las células". Debemos hacer notar que a estas alturas los símbolos aplicados al cuerpo entero son: Universo, Mundo o Tierra Entera. Generalmente al cuerpo solo, sin la cabeza, se le aplica también el símbolo de la tierra, el cual puede simbolizar, en caso particular, al pecho solamente.

b).- Después de esto nacieron las vértebras de la columna o Titanes, las cuales, según señalan algunas Embriologías, se forman a partir de "seis pares de puntos germinales". Recordemos que el poeta nos dice que los Titanes Originales eran en número de doce. Los Titanes son también, todos, el sistema óseo, tal vez en este caso representen a puntos germinales de los huesos. Por otro lado, a veces se entiende que en esta etapa los Titanes son los primordios de todos los órganos en vías de formación.

c).- Cronos es el Timo, órgano glandular localizado en el mediastino, en la parte alta del pecho, entre los dos pulmones, que cumple importantísimas funciones desde la vida fetal hasta el comienzo de la adolescencia, órgano que analizaremos más adelante, en su lugar propio.

d).- Rea es el Pecho o según el caso, el Cuerpo Humano, sin la cabeza, ya perfectamente delimitado.

e).- Los tres Ciclopes primitivos son la tráquea y sus dos ramas, los bronquios, en las puntas de los cuales están localizados los rudimentos de los pulmones. Cíclope quiere decir ojo redondo, seguramente este nombre es alusión al hueco redondo de éstos órganos con forma de tubo.

f).- Los tres monstruosos y gigantescos seres, deben ser símbolo de las asas intestinales. Puesto que esos seres son llamados también, algunas veces Cíclopes, y son señalados como seres gigantescos, e igualmente aparecen en número de tres, serían los símbolos de las tres partes del intestino grueso: el Colón ascendente, el transversal y el descendente. Los cien brazos y las cincuenta cabezas serían los símbolos de las asas del intestino delgado y de los salientes voluminosos del intestino grueso respectivamente.

g).- Para una mejor comprensión de la interpretación del ciclo de Urano y de la unión de Gea y Urano, vamos a relatar, en resumen, lo que nos dice la Embriología acerca de la capacidad evolutiva del óvulo humano fecundado, y de las potencias de las tres hojas germinativas en que se divide ese óvulo, conforme avanza la multiplicación celular llamada blastogénesis:

"En el óvulo fecundado, tienen que estar contenidos, todos los requerimientos materiales y dinámicos, para formar las distintas partes del embrión, y por ende todos los órganos del ser humano. Al segmentarse el óvulo, al dividirse, se puede aceptar que dichos requerimientos quedan repartidos entre las distintas blastómeros (células del embrión), y luego entre los distintos grupos blastodérmicos. Por lo mismo, estas células se distinguirían unas de otras en que, cada una de ellas (o cada grupo de ellas), estaría dotada de la potencia de generar únicamente una parte determinada o un órgano determinado. Entonces, las fuerzas generadoras o formativas, o potencias de las distintas blastómeras o células de la blástula, deben ser diferentes, y "los distintos agrupamientos celulares, del germen, o blástula, representan diversos territorios organógenos o zonas formadoras de órganos". Aun cuando en general, durante el desarrollo, se establece la diversificación de las potencias, es decir, se verifica una especialización celular, en muchas especies de huevos no se verifica esto, sino hasta etapas tardías. Por lo tanto en esta clase de huevos, las primeras blastómeras, las primeras segmentaciones, poseen las mismas potencialidades: son equipotentes y equivalentes, valen igual. Además, son capaces de desarrollarse independientemente, lo cual quiere decir que son equipotentes, "que tienen toda la potencia para formar a un ser completo". El óvulo humano pertenece a esta clase de huevos, según demuestran ciertos hechos, por ejemplo, los gemelos uniovulares.

Las células despliegan en su desarrollo subsiguiente solo una parte de sus potencialidades, quedando las restantes ocultas, y se manifiestan solamente en circunstancias anormales.

La diferenciación celular se verifica en parte por medio de las fuerzas que estas células contienen, y en parte bajo la influencia de ciertas circunstancias externas a las células mismas

Hasta después de verificada la segmentación o fragmentación, y después de la implantación en el útero, empieza el germen a crecer de tamaño y a moverse, las células toman la forma de una esfera hueca llamada mórula, y después aplastándose, esta masa celular llega a la gastrulación; enseguida de lo cual se disponen en forma de láminas epiteliales llamadas hojas germinativas...

En el momento de la gastrulación el germen queda dividido en dos hojas: el Ectodermo u hoja externa y el Endodermo u hoja interna. Por el movimiento y la subsiguiente multiplicación celular, se forma el Mesodermo u hoja intermedia.

Todos los órganos del adulto, y los órganos anexos embrionarios que se formarán durante la vida intrauterina, proceden de estas tres hojas: el Mesodermo participa en la formación de todos los tejidos. Mientras que el Ectodermo y el Endodermo no intervienen en la formación de todos los órganos. Sin embargo, lo que determina la forma y la función de todos los órganos y tejidos es, principalmente, la parte epitelial correspondiente a cada hoja germinativa, de modo que se puede señalar a cada uno, según la procedencia de su esbozo epitelial germinativo.

Del siguiente modo, las tres hojas germinativas participan en la formación de los tejidos y órganos del ser humano y de los llamados órganos anexos (saco vitelino, alantoides, amnios, corión, etc.).

El Ectodermo forma el epitelio de la piel, los derivados epidérmicos: Los pelos, las uñas, las células epiteliales de las glándulas sudoríparas, sebáceas y mamarias; el epitelio de la mucosa y de sus glándulas en el vestíbulo bucal y en la porción anterior de la boca propiamente dicha; el esmalte de los dientes; El Lóbulo anterior de la hipófisis o adenohipófisis: el epitelio de las paredes laterales del vestíbulo vaginal, formadas por los pliegues genitales, y la parte anterior cavernosa de la uretra masculina; todos los componentes del sistema nervioso que no tienen carácter conjuntivo, todas las variedades de células nerviosas, las células de neuroglia, las fibras nerviosas, las células capsulares de los ganglios espinales; las células epiteliales de los órganos del olfato, del oído, del equilibrio, de la vista y de las yemas gustativas, residentes, estas últimas, en la parte ectodérmica del epitelio de la superficie de la lengua; en el ojo, también el tapiz negro, el cristalino, el cuerpo vítreo y los músculos del iris; en los órganos anexos del embrión, el epitelio del amnios.

El Endodermo forma el epitelio del tubo digestivo, a excepción de las partes de la boca antes mencionadas; las células epiteliales de las glándulas de la mucosa digestiva; los componentes epiteliales de la glándula "tiroides", de las glándulas "paratiroides", del "timo", del "hígado", y del "páncreas"; las células epiteliales de la trompa de Eustaquio, del oído medio, de la laringe, de la tráquea, de los bronquios y de los pulmones; el epitelio sensorial de las yemas gustativas situadas en la porción ectodérmica de la superficie lingual, que son la mayoría; el epitelio de la vejiga urinaria; el epitelio de la uretra femenina y de las porciones prostáticas y membranosas de la uretra masculina, así como de la mayor parte de la porción cavernosa de la misma; el epitelio vaginal en la hembra y del utrículo prostático, representante de la vagina en el macho; el epitelio del fondo del vestíbulo de la vagina; además, en los órganos anexos del embrión, el epitelio del saco vitelino y del alantoides.

El Mesodermo desempeña múltiples actividades formativas, parte de las cuales están a cargo de sus células epiteliales y las restantes a cargo del tejido conjuntivo.

El epitelio del Mesodermo forma las células epiteliales del pronefros, del mesonefros y del riñón definitivo, es decir, los epitelios de los riñones; de los conductillos transversales de la cabeza del epidídimo, del paradídimo, del epoóforo y del paroóforo; el epitelio del uréter , tanto del primario como del secundario (es decir, los epitelios de los conductos deferentes y eyaculador), de la vesícula seminal, del uréter, del conducto longitudinal del epoóforo; la capa cortical de la Corteza Suprarrenal; el epitelio superior de las glándulas Genitales (sin las células germinales); el epitelio del oviducto y del Útero.

El tejido conjuntivo embrionario forma todas las variedades de tejido conjuntivo; los cartílagos y huesos, el marfil de los dientes; el Corazón, los vasos sanguíneos y las células de la sangre; los ganglios linfáticos, los vasos linfáticos y las células linfáticas; los ganglios hemolinfáticos; el Bazo; los músculos estriados y lisos (a excepción de los músculos estriados del dorso, que proceden de la lámina muscular de las vértebras primitivas, y de los músculos lisos del iris); la porción conjuntiva de los huesos musculares y tendinosos, así como de las terminaciones nerviosas corpusculares (corpúsculos de Meissner, Vater-Pacini; corpúsculos nerviosos articulares y genitales); el endotelio de revestimiento y del tejido conjuntivo de las paredes de las grandes cavidades del cuerpo: pleural, pericárdica y peritoneal; las paredes de las cavidades articulares y de las bolsas mucosas, de los espacios subaracnoidéo y subdural; en los órganos anexos del embrión, los elementos conjuntivos.

Al igual que las células blastoméricas de donde provienen, las potencias reales de las hojas germinativas, son mayores de las que manifiestan en el desarrollo normal. Esas potencias, que no llegan a manifestarse, persisten como potencias latentes, en mayor o menor grado y durante más o menos tiempo, en los órganos y tejidos derivados de las hojas germinativas, especialmente en ciertos derivados del tejido conjuntivo embrionario, y pueden hacerse ostensibles en épocas posteriores de la vida, en circunstancias especiales".

Todos los datos citados en este inciso "G" fueron tomados de la Segunda Edición del "Compendio de Embriología Humana" de A. Fischel. Editorial Labor S.A., Barcelona-Madrid, España, 1960.

5.7.- Ciclo de Cronos o Saturno

"Urano, que ha tenido un papel importante en el comienzo de la creación, quiere detenerla, y a medida que le nacen nuevos hijos, los sepulta en la Tierra. Irritada, Gea arma contra su esposo a Cronos, el mayor de sus hijos; el cual sorprende a su padre y lo mutila con una guadaña. La sangre que cayó, de la herida, sobre la Tierra, engendró a los Gigantes y a las Furias, la que cayó en el mar engendró a Venus.

Los Titanes, las fuerzas primordiales encadenadas por Urano, recobran la libertad, y nuevas generaciones se agregan a las ya existentes. De la unión de Pontos y Gea proceden todos los seres y los variados aspectos conectados con el Mar, los Ríos y las Fuentes. De la Noche nacen la Muerte, las Parcas,

Némesis, el Fraude, la Vejez y la Discordia, y ésta a su vez engendra al Trabajo, al Dolor y a los Combates".

Interpretación:

a).- Ya señalamos a Urano como al Ectodermo que "produce" al sistema nervioso en general, y que como el Cielo Estrellado, representa la cabeza y a la masa cerebral. El hecho de que Gea se irrite porque Urano sepulta en la tierra a sus hijos, puede simbolizar una especie de "lucha" entre las potencias germinativas del Ectodermo y del Endodermo, estando ésta a favor del ectodermo. Además, puede ser símbolo del "enorme tamaño de la cabeza", en relación con el tamaño del cuerpo, en esta etapa del desarrollo embrionario.

b).- Cronos significa en griego: Tiempo. El tiempo, se identifica con el Timo por varias razones: dijimos antes que el Timo es un órgano glandular localizado en el pecho, y esta región del cuerpo humano se llama Rea, la Tierra, esposa de Cronos.

El Timo es una glándula de secreción interna, y mientras que en el feto está muy desarrollada, al llegar a la pubertad comienza a atrofiarse, y en el adulto se halla considerablemente reducido su tamaño, llegando a ser a veces un simple rudimento. Este hecho indica que la función de sus hormonas se ejerce principalmente durante el desarrollo embrionario, simbolizado por la leyenda que nos dice que mutiló a su padre Urano, lo que significa, que reemplazó al Ectodermo en el desarrollo rector del embrión, del feto y de las primeras etapas de la vida humana, indudablemente hasta el comienzo de la pubertad, cuando, como se verá más adelante, es destronado a su vez por su hijo Zeus-Júpiter.

c).- Los Titanes, son en general los huesos, pero principalmente los de la columna vertebral. "Encadenadas" a la cabeza, las vértebras forman una cadena ósea, siguen agregando generaciones a las ya existentes. Por otro lado los Titanes pueden ser los primordios de los órganos en vías de formación.

d).- Los Gigantes, generalmente simbolizan a los músculos. Eran señalados, por los mitólogos, como colosos con busto humano y "pies de serpiente". Estas serpientes son el símbolo de la forma alargada de las células musculares. En un monumento griego se ve a los Gigantes, arrinconados, en la lucha con Zeus, apareciendo apelotonados en gran multitud, codo con codo, resaltando en especial sus múltiples brazos, cabezas y pies de serpiente, un símbolo muy adecuado de las grandes masas de los músculos, con sus núcleos múltiples y de los "paquetes de haces, fibras y fibrillas musculares".

e).- Venus es la glándula tiroides, como veremos cuando analicemos a esta diosa. Decir que nace de la sangre de Urano que cae en el mar, puede explicarse por el hecho de que la tiroides, durante su desarrollo embrionario, se estaciona en el punto de división del tronco arterial aórtico que arranca del corazón. Además, las hormonas tiroideas contienen yodo, elemento que abunda en el agua del mar.

f).- De la unión de Pontos, el corazón o los órganos embrionarios de la circulación, y de Gea, el cuerpo humano, proceden todas las "divinidades" u órganos conectados con el mar. El mar es la sangre, la cual tiene una sorprendente similitud con el agua del mar: las sales que contiene el suero de la sangre, guardan la misma proporción que las de las sales del agua marina. Por lo tanto de Pontos procede la circulación sanguínea; el sistema linfático, que representa a los Ríos y las Fuentes, símbolo de las venas, arterias, vasos linfáticos, ganglios linfáticos, líquido cefalorraquídeo, etc.

g).- En este inciso analizaremos el nacimiento de la Noche, la Muerte, las Parcas, Némesis, el Fraude, la Vejez, la Discordia, el Trabajo, el Dolor, los Combates, la Continencia, la Sombra, el Sueño, la Ira, la Alegría, las Moiras, las Hespérides que nacieron de la Noche y del "Erebo"; el Terror, la Amargura, la Tristeza y los Malos Sentimientos que molestan al hombre, así como de las Erinas, las Furias y el Tártaro, hijos de la Tierra y el Aire. La mayoría de estos seres son señalados como divinidades que nacen en la incipiente vida embrionaria del ser humano. Por encerrar ideas complejas que requieren una interpretación especial, acudiremos "a cierto tipo de ideas paracientíficas":

Indudablemente, la gran mayoría de "las Divinidades" antes citadas no son parte del cuerpo humano, sino etapas de la vida, actitudes, afectos y sentimientos del hombre. Ahora bien, para comprender por qué a estas alturas del desarrollo embrionario se habla de dichos aspectos, se echa mano de algunas ideas empíricas halladas en los libros Cabalísticos, que nos dicen: Que los deseos y necesidades humanas tienen su asiento en el abdomen; los afectos y sentimientos tienen su asiento en el pecho y los procesos intelectuales en la cabeza. También nos dicen que en el abdomen o mundo inferior, se refleja el mundo medio y el mundo superior. Que en el pecho o mundo medio se refleja el mundo inferior y el mundo superior. Y que en la cabeza o mundo superior, igualmente se reflejan el mundo inferior y el mundo medio. Por lo anterior se ve, que lo único que tratan de decir es que en el cuerpo hay tres zonas que son: la inferior o profunda o abdomen; la media o pecho; y la superior, la cabeza en donde se localizan, los órganos de la vida instintiva, y de los deseos y necesidades vitales; los órganos afectivos de los sentimientos y pasiones y los órganos y centros del control orgánico y de la vida intelectual, respectivamente, y que todos los órganos están conectados a un centro cerebral. De todo eso podemos deducir que los poetas al hablar de sentimientos y actitudes humanas que se desarrollan en la etapa embrionaria, se están refiriendo a zonas y centros cerebrales en las cuales se refleja o se va a reflejar el trabajo de los órganos del abdomen y del pecho y del cerebro mismo. ¿Se adelantan en realidad a los procesos de la vida humana? La respuesta es sí y no. Sí, porque en esta etapa del desarrollo del embrión no hay todavía una actividad cerebral que manifieste dichas funciones. No, porque en último caso, estando todos los órganos y sus partes contenidos en potencia en el embrión, no hay duda de que algunos grupos celulares van a formar la masa cerebral con todas sus zonas y centros de manifestación y control de la conducta humana. Se podría preguntar ¿Por qué están citados en estos aspectos el pecho y el abdomen? Porque dichas conductas humanas se realizan con el concurso de las vísceras u órganos del pecho y del abdomen, bajo el impulso de los centros cerebrales, de acuerdo con los deseos, necesidades, sentimientos, afectos y pasiones humanas, tanto bajo control voluntario como involuntario.

h).- El Tártaro y el Erebo son símbolos del abdomen. La Noche debe ser símbolo de las zonas inferiores del cerebro (Por ejemplo el Bulbo Raquídeo), en estas regiones se encuentran también el centro reticular-activamente, el sistema límbico y un poco más arriba el tálamo y el hipotálamo, lugares en donde están localizados los centros del dolor, del hambre, del placer, de la continencia, de la actividad o trabajo y de la vigilia y el dormir. La muerte podría ser las localizaciones del centro respiratorio y de los latidos del corazón, etc.

i).- La Muerte y las Parcas serán analizadas con detenimiento en la parte de los seres infernales.

5.8.- Ciclo de Zeus o Júpiter

"Al destronar Cronos a su padre Urano, éste le predijo que a su vez sería vencido y destronado por su hijo. Y en efecto así sucedió:

Cronos quiso poner obstáculos a la difusión de la vida, y cuantos hijos le daba su mujer Rea, eran, luego de nacidos, por él devorados. Sin embargo, aquel período llegó a su término. De Rea habría de nacer un hijo sobre el cual no tendría fuerza alguna la acción de Cronos, que triunfaría de la muerte y reinaría para siempre en el universo. Cinco veces había llorado Rea su fecundidad malograda: Hestia, Demeter, Hera, Hades y Poseidón habían sido devorados por su padre. Al nacer el sexto hijo, Zeus, ideó la madre una feliz treta, al presentar a la voracidad de su esposo una piedra envuelta en pañales. Su estratagema tuvo buen resultado. Saturno devoró la piedra y Rea, protegida por la Noche, llevó a la isla de Creta al recién nacido. En este lugar Zeus fue cuidado por las ninfas Adrastea y Amaltea, que lo alimentaron con abundante leche. En premio elevó a las dos ninfas al cielo, en donde forman la constelación de las "Cabrillas". Según otras tradiciones, el niño dios no fue alimentado con leche, sino con el Manjar inmortal llamado Ambrosía y con el líquido divino llamado Néctar. Más tarde. Rea por medio de un brebaje, logró que su consorte vomitara a los hijos devorados, así como a la piedra que sirvió de engaño, antes del nacimiento de Zeus. Este, dice el poeta, la fijo al pie del Parnaso, para que fuera un día, a los ojos de los mortales, un monumento que obraría maravillas".

Interpretación:

a).- Parece ser que en esta etapa prosigue "la lucha entre los órganos o entre los distintos centros germinativos". Por ahora solamente diremos que Zeus es la glándula Hipófisis Anterior o Adenohipófisis, o antiguamente llamada Pituitaria; Hestia es la representación simbólica del "Calor Corporal" o de la energía en general, que produce la dinámica del desarrollo y todo el metabolismo humano; Deméter es el Páncreas; Hera es la porción posterior de la Glándula Hipófisis o Neurohipófisis; Hades es el bazo y Poseidón es el Corazón. Más adelante, al estudiar cada dios en particular, y al analizar el simbolismo conectado con cada uno ellos, se demostrará detalladamente porqué se identifican con tales órganos.

b).-La piedra y el monte Parnaso, pueden ser, la representación del esfenoides, y de la caja ósea que tiene como base la silla turca, que es donde está "asentada" la Glándula Hipófisis. Esta glándula, es la única que está protegida por una "doble caja de hueso, o doble cráneo": El cráneo y la silla turca con su "dosel", formado por un pliegue de la duramadre.

c).- La ambrosía y el néctar, "alimento de los dioses, las glándulas". Estos pueden ser dos substancias químicas que "alimentan" a estos órganos, y se podría pensar que son dos de tres compuestos: El colesterol, la lecitina y/o la vitamina "E", ya que la Hipófisis, es el órgano en donde más se concentra esta última.

d).- Las Ninfas que alimentaron a Zeus, pueden ser tejidos germinales primordiales, y zonas cerebrales en el adulto.

5.9.- Lucha contra los Titanes

"Los Titanes, hermanos de Cronos, no llevaron a bien que Zeus se hubiera salvado, e iniciaron un periodo de resistencia y combate en contra de Cronos. Le declararon la guerra y lo vencieron, hasta que de nuevo estalló el combate, al salir en defensa de Cronos, Zeus y sus hermanos.

Zeus, Poseidón y Hades acudieron en auxilio de su padre, atajando el paso de los Titanes, y trabaron con estos, encarnizada pelea. Con los olímpicos estaba Temis, la Justicia y Mnemosina, la Memoria de lo pasado que ha de perpetuarse en lo futuro. Al lado de los Titanes estaban sus numerosos descendientes.

En lo más recio de la pelea, Zeus acude en auxilio de los Cíclopes, y de los Gigantes Kotto, Briareo y Gyes. Los cíclopes forjan el rayo que estaba oculto en el seno de la Tierra. Vibra Zeus el rayo, y los Titanes quedan envueltos en sofocantes vapores; sus encendidas miradas no resisten, y palidecen ante los fulgores de la celestial arma.

Por fin el triunfo queda del lado de ZEUS y de sus tres aliados. Los GIGANTES lanzaron trescientos peñascos sobre los TITANES, quienes arrollados y vencidos fueron sepultados en el TÁRTARO".

Interpretación:

a).- Los Titanes, en este episodio, simbolizan a los huesos

de la columna vertebral, y en general a todos los huesos. La resistencia y combate, en que se empeña Zeus, representa el esfuerzo del ser humano, ya nacido (aquí vemos que el relato se adelanta a la etapa embrionaria y fetal) para dejar de moverse sobre sus cuatro extremidades y empezar a caminar erecto, lo cual está simbolizado como "una lucha en contra" de la columna vertebral, "en contra" de los músculos o Gigantes y "en contra" de los demás huesos o Titanes, para poder adquirir dicha postura.

b).- Zeus, la Hipófisis anterior; Poseidón, el Corazón y Hades, el Bazo, intervienen en esta lucha auxiliados por los Cíclopes que son la tráquea y los bronquios, así como los intestinos grueso y delgado.

c).- Al lado de los olímpicos están Temis, la Justicia, que tal vez representa a las leyes del desarrollo humano y Mnemosina o la Memoria de lo Pasado que ha de perpetuarse en lo futuro, seguramente, en este caso particular, la memoria genética de la postura erecta.

d).- Los numerosos descendientes de los Titanes son por un lado la columna vertebral ya totalmente desarrollada y por otro el resto de los huesos del esqueleto.

e).- El rayo que forjan los Cíclopes representa la corriente nerviosa que aplicada sobre los músculos, los Gigantes, "vence a los Titanes, las Vértebras y los Huesos."

f).- Los Titanes sepultados en el Tártaro, son las vértebras lumbares, que quedan "hundidas en la parte posterior del abdomen", cuando la columna vertebral, que en el infante tiene forma de arco o de "C", se curva en forma de "S", en cuanto se adquiere la postura erecta.

5.10.- División del Universo

"Divídese el Universo en tres regiones: en la parte media está la tierra; en la parte superior el Cielo o el Éter, en la parte más baja el Tártaro tenebroso, cárcel de los dioses vencidos, Región Inferior del mundo o Infierno. Esta cárcel está rodeada por un muro de bronce cerrado por puertas fabricadas por Poseidón, cuyos umbrales no pasará nunca nadie. Sobre el Tártaro se alzan los cimientos de la tierra y del mar. Debajo de él están los límites postreros de las cosas.

Zeus divide el gobierno del Universo. Entrega a Hades la Región Inferior; a POSEIDÓN la Tierra y conserva para sí, que es el señor absoluto de todo la parte superior: el cielo.

El Titán Atlas vencido con todos los suyos, no sufrió la misma suerte de los demás, sino que en las comarcas más occidentales de la tierra, fue condenado a cargar eternamente, sobre sus hombros y apoyado en la tierra, la Bóveda Celeste.

Interpretación:

a).- El Universo es el cuerpo humano completo. Este queda dividido en tres partes: la superior, el cielo, es la "cabeza humana"; la de en medio, la tierra, es el pecho o tórax; y la inferior, el tártaro, es el abdomen o vientre, región inferior del mundo, del cuerpo humano. Las Puertas de Bronce "fabricadas" por Poseidón, el Corazón, cuyos umbrales no pasarán nunca los Dioses "Vencidos", enterrados en el Tártaro, puede ser símbolo del Diafragma, que "separa" al Pecho, la Tierra, del Abdomen, el Tártaro. Debajo están los "Límites postreros de la Tierra", "los límites inferiores del cuerpo humano.

b).- La Hipófisis divide el gobierno del cuerpo: se reserva para sí el de la "Cabeza"; entrega "el Pecho al Corazón"; deja en manos del Bazo el gobierno del "Vientre".

c).- El Titán Atlas representa al grupo de vértebras cervicales (siete vértebras) que son "condenadas" a sostener, apoyadas en la parte alta del cuerpo, por toda la eternidad, por toda la duración de la vida humana, a la Bóveda Celeste, la Cabeza, el Cielo, según las leyendas mitológicas. En memoria de esta leyenda, la anatomía actual llama Atlas sólo a la primera vértebra cervical, la que está en contacto directo con la bóveda del cráneo, sin alcanzar a intuir que los antiguos, con este nombre, designaban a las vértebras cervicales o del cuello. Nótese como en esta leyenda se introduce el concepto geográfico de "comarcas occidentales", refiriéndose a la parte superior del cuerpo. El Titán Atlas puede simbolizar también al cuello, que apoyado sobre los hombros, "carga" a la bóveda celeste, la cabeza.

5.11.- Lucha contra los Gigantes.

"A pesar de su altura, el imperio de los olímpicos no gozó mucho tiempo de paz. Los Gigantes, colosos con busto humano y pies de serpientes, nacidos de la tierra, fecundada por la sangre que manara de la herida del mutilado Cronos, se rebelaron contra los dioses y les movieron guerra, y se prepararon para darles asalto. Para ello pusieron monte sobre monte, Peleón sobre Osa, y lanzaron contra el Olimpo inmensas rocas, encendidas encinas, selvas enteras. A su cabeza estaban Porfirión, Alcioneo, el terrible Encelado, Polibotes, Efialte, Oto, Eurites, Palas, Clicio y otros menos renombrados. A la vista de aquellos enemigos, invocó Zeus el auxilio de todos: Estigia, la Hija del Océano, fue la primera en acudir, junto con sus hijos: el Valor, la Emulación, la Fuerza y la Victoria. Tras tenaz y valerosa lucha, el resultado se decide al fin, cuando

Zeus llevó su carro contra sus obstinados enemigos y, armada la diestra con el rayo, no cedió punto en reposo. Entre el pavoroso fulgor de los rayos, el fragor horrible del trueno y los espantosos rugidos de los Gigantes, éstos cayeron vencidos para siempre".

Interpretación:

a).- Parece haber dos clases de Gigantes: los tres llamados Kotto, Briareo y Gyes que tienen cien brazos y cincuenta cabezas; y los Gigantes con busto humano y pies de serpientes. Los primeros son llamados Cíclopes (ojos redondos), por ser órganos con forma de tubo. De cualquier manera, como representan también a los intestinos grueso y delgado, estos órganos están compuestos esencialmente de fibras lisas musculares. La forma alargada de las células musculares lisas y estriadas se corresponde con los pies de serpientes de los Gigantes.

Las rocas, las encinas encendidas, las selvas enteras y la multitud de Gigantes, citados por sus nombres y muchos más, parece ser la alegoría de las grandes masas musculares, sobrepuestas unas a otras, por ejemplo las del muslo, en vías de ser sometidas al control de la voluntad.

b).- Estigia es una laguna, según las leyendas mitológicas, una "Laguna" que es la Vejiga urinaria. El llamarla "Laguna" es referencia a su contenido: La orina. El hecho de acudir en primer lugar en auxilio de Zeus, puede indicar que este órgano es de los primeros en ser controlado por los esfínteres, quedando bajo dominio voluntario el acto de orinar. Además, las teorías del psicoanálisis ligan al valor, la ambición y la emulación "al carácter uretral"; la uretra está ligada a la vejiga urinaria, y los dos órganos están conectados con la micción.

c).- La lucha contra los Gigantes es el símbolo de la acción del cerebro infantil para someter bajo su control a los músculos voluntarios, tanto de fibra estriada como de fibras lisas. Entre las funciones controladas estaría la defecación, la micción, la fonación, los movimientos motores, etc. El carro de Zeus y los rayos representan al sistema nervioso, madurando por la acción indirecta de la Hipófisis anterior y sometiendo a los órganos bajo su control, por medio de la corriente nerviosa aferente y eferente, a través de los doce pares de los nervios craneanos, a través de los treinta y un pares de nervios espinales y a través de las dos redes del sistema nervioso autónomo.

5.12.- Ultimo Acto de Resistencia.

"Parecía que el Universo había quedado sosegado y pacificado, sometido a los olímpicos, mas la Tierra, unida al Tártaro, en el último esfuerzo de su fecundidad, dio al mundo un nuevo ser que Hesíodo llama Tifón. Sus vigorosas manos están en continuo movimiento; sus pies eran infatigables; de sus gigantescas espaldas salían cien cabezas de dragón, y era a veces su voz tan rara y penetrante que ni los mismos dioses podían oírla sin temblar. Los olímpicos asustados huyeron hacia Egipto y para esconderse tomaron la figura de animales.

Zeus, sin embargo, se presentó al combate. Tras larga lucha e innumerables acontecimientos, Tifón fue vencido y sepultado, bajo el enorme peso de la región volcánica que se extiende del Etna al Vesubio.

La lucha de Tifón contra Zeus es el último acto de resistencia contra los inmortales. Los Titanes y Gigantes quedaron reducidos a la impotencia, en adelante el Cielo y la Tierra acatarán a un dios soberano: ZEUS, inteligencia suprema que dirige al universo, que mantiene el equilibrio entre sus partes y que vela por la conservación tanto "del orden moral" como del físico".

Interpretación:

a).- La Tierra, el Pecho humano, en su unión con el Tártaro, el Abdomen o Vientre, da vida a Tifón. Tifón es el Diafragma, órgano muscular plano que divide al cuerpo en dos partes o cavidades: la del pecho y la del abdomen. Este órgano es el músculo principal que interviene en la respiración. Por lo cual se decía que sus vigorosas manos estaban en continuo movimiento y que sus pies eran infatigables. Su voz, que era a veces "rara y penetrante", son símbolos, seguramente, del hipo, la tos, y el estornudo, acciones que en parte hacen que se estremezcan algunas partes del cuerpo violentamente. Las cien cabezas de dragón son símbolo en parte del gran tamaño de este tabique muscular y en parte de los plexos nerviosos semilunar y solar.

b).- La huída de los dioses a Egipto y su disfraz de animales solo sirve para explicar que, en este país, los dioses hayan tenido en parte figura de animales.

c).- La lucha de Zeus contra Tifón admite dos explicaciones: la primera, por ser la fonación, el habla, el lenguaje, una de las funciones que más tarde el ser humano en dominar, bien puede ser aplicado el símbolo de esta última lucha a dicha función. La segunda explicación, de carácter psicológico, podría delinearse en la forma siguiente: "En la medida que el ser humano controla conscientemente su respiración", en esa medida se puede decir que controla sus "nervios" o por decirlo de otra manera sus estados de ánimo emociones y sentimientos. Este hecho es la base de los ejercicios respiratorios por ejemplo: en la ciencia Yoga y en los sistemas de meditación.

d).- Los Titanes y los Gigantes, los huesos y los músculos, quedan sometidos totalmente al control cerebral voluntario e involuntario.

e).- El Universo, el cuerpo humano entero, de aquí en adelante, queda sometido al control del "desarrollo físico, intelectual y moral" que la Hipófisis promueve y preside.

5.13.- La creación de la Humanidad.

"Alcanzada por Zeus y sus aliados la memorable victoria, al paso de las generaciones divinas, concluyó la formación del Universo. Los astros brillaron en el Cielo, los peces tuvieron por dominio las Aguas, la Tierra recibió toda clase de animales silvestres y las aves hendieron las regiones del Aire. Pero faltaba todavía un ser que mandara lo creado y así nació el Hombre:

Ya sea que la tierra virgen aún, y hacía poco desgarrada de las nebulosidades superiores del Éter, retuviera una semilla celeste, ello fue que Prometeo, hijo de Jafet, mojóla con el agua de un río, la amasó, dándole la forma de los dioses, árbitros del mundo. Y al paso que los demás animales tienen la cabeza inclinada al suelo, alzó la frente del hombre y ordenóle contemplar al cielo y fijar en los astros su mirada. A favor de esta metamorfosis la materia grosera e informe, tomó la figura humana, no vista hasta entonces (Ovidio). Así Prometeo, hijo del Titán Jafet y de Asia, hija del océano, fue el artífice a quién le atribuyó el poeta la magnífica obra. En otras leyendas se dice que aunque Prometeo fue el modelador material del hombre, correspondió a Atena animarlo y darle vida.

En antiguos bajorrelieves vese, a Prometeo, dando los últimos toques a la estatua de un hombre o de un niño, a la cual Minerva pone en la cabeza la mariposa, símbolo del alma en la antigüedad. Se decía, también, que una vez Prometeo hizo hombres sin alma.

Prometeo había recibido el don de profecía y, los dioses lo consultaban como un oráculo. De él aprendieron los hombres las virtudes curativas de las plantas y lo veneraron como inventor de las artes".

Interpretación:

a).- Tras de la victoria de Zeus, la glándula hipófisis anterior, concluyó la formación del cuerpo humano.

b).- Los astros, las células nerviosas en general, y las zonas o regiones cerebrales en particular, "brillaron" en la cabeza, lo que indica que manifestaron su actividad nerviosa. Los peces, células sanguíneas, tuvieron por dominio la circulación, el Mar. La tierra "recibió" toda clase de órganos y sistemas, y las aves, o los glóbulos rojos y blancos, "hendieron" las regiones del "aire", la respiración.

c).- La Tierra, los tejidos germinales primitivos, en este caso, el cuerpo, "desgarrado" de las zonas cerebrales superiores o Éter, fue amasada por Prometeo, el hígado, produciendo al hombre. el hombre puede ser, en este caso, todo el nuevo ser que se desarrolla bajo el influjo metabólico de Prometeo, el hígado del feto o de la madre, favoreciendo todo el aporte material, a través del metabolismo, que permite el desarrollo de la nueva vida. El aporte material del hígado, es hecho por medio de los elementos nutritivos, que recibe el hombre durante la vida fetal, de la sangre materna, elementos que en último caso son manejados por los procesos metabólicos de la síntesis de las proteínas, carbohidratos, grasas, y por el manejo de hormonas, vitaminas y minerales que realiza por medio de sus sistemas enzimáticos. Además, la placenta, durante todo el embarazo realiza funciones similares a las del hígado. El hígado, junto con otras, realiza estas funciones toda la vida.

d).-El Lóbulo Frontal Cerebral, como veremos más adelante, está personificado por la diosa Atena o Minerva. Debe ser por esto que se dice que toca a esta diosa animar al ser humano y darle vida. El Lóbulo Frontal es la parte característica del hombre, la que lo distingue de los animales; es el asiento de las facultades superiores, y la parte cerebral que le permite alcanzar el desarrollo civilizador, cultural, científico tecnológico y artístico, como se verá más adelante. Esta diosa representa al lóbulo cerebral frontal y, por tanto, a la zona cerebral que distingue al hombre de los animales. El símbolo de esta parte es la mariposa o representación de la psique humana. Esta leyenda se mueve en tres planos: El del origen de la especie, "que ya no mira al suelo sino al cielo", el origen de la civilización y la cultura y el desarrollo de un ser humano cualquiera.

e).- Prometeo, como veremos más adelante es el hígado. Según los poetas, tiene el "don de profecía" y a él acudían los "dioses" a consultarlo como oráculo (más que los Dioses, los hombres). Es históricamente sabido que, entre otras prácticas, los antiguos observaban las vísceras de un animal sacrificado, en especial el hígado, para conocer el futuro y hacer vaticinios. Los magos caldeos decían que el hígado representaba, o más bien que era, una recapitulación del universo, el cuerpo humano, en especial del cielo, la cabeza. Dicen, además, los mitólogos que de él aprendieron los hombres las virtudes curativas de las plantas. Esto puede ser posible, ya que en alguna forma u otra el hígado maneja todas las substancias metabólicas del cuerpo humano, sobre todo las referentes a las toxinas y substancias anormales producidas en los estados de enfermedad, por lo cual el hígado, por la herencia genética, "debe saber instintivamente", como modificar en cualquier sentido el quimismo humano alterado.

f).- La leyenda que dice que PROMETEO hizo "una vez hombres sin alma", podría referirse a que el hígado produjo células "sin alma: Sin Núcleo". Los glóbulos rojos no tienen "alma, núcleo", y son producidos por el hígado en un momento dado en la etapa fetal.

g).- Al decir que el hígado interviene en la formación material del ser humano, ya señalamos que es a través del metabolismo. Al decir que este órgano es el inventor de las artes, o se están exagerando sus funciones, o en realidad se está haciendo referencia a las artes mágicas y ocultas.

5.14.- Castigo de Prometeo.

"En un litigio suscitado entre los Dioses y los hombres primitivos, para determinar la porción respectiva en el reparto de los bienes del mundo, Prometeo se puso de parte de los hombres e intentó burlar al soberano de los Dioses, dejándole la peor parte y tomando para sí la mejor: Dividió en dos partes un buey. Formaban la una, la carne y lo más sabroso del animal, envueltos en pellejos, y el otro, mucho mayor, los huesos mondos, cubiertos con pérfida habilidad de una gran capa de grasa reluciente. Al verlos el padre de los hombres y de los dioses dijo: ¡Hijo de Jafet, ilustre entre todos los reyes, amigo, desiguales has hecho los lotes! Prometeo riendo para sus adentros, al mirarle tan confiado, le rogó que escogiera. Habiendo Zeus escogido la mayor parte, se quedó con los huesos. Irritado el soberano por el engaño, ocultó a los mortales el secreto de la vida, y los privó del fuego inextinguible. El Titán sin darse por vencido, robó una chispa del fuego divino y la entregó a los hombres. Una vez salida la llama de la mansión etérea, las enfermedades invadieron la tierra con su cortejo de ignorados males, y la muerte, hasta ese día necesidad tardía, precipitó sus pasos.

Instigados por Zeus, los dioses dieron a los hombres la caja de Pandora, de donde escaparon todas las aflicciones y calamidades que asolan a la humanidad. Desde entonces data la enemistad de los dioses con los hombres. No satisfecho aún su rigor, decretaron que Prometeo fuera encadenado al Cáucaso, donde un buitre enviado por el cielo le devora durante el día las inagotables entrañas. Cuanto la fiera devora durante el día, otro tanto renace durante la noche".

Interpretación:

a).- En esta leyenda del castigo de Prometeo, se capta de inmediato "la pugna primordial" relatada en varias Mitologías y Cosmogonías religiosas, que con ligeras variantes de forma, contienen el mismo fondo: personajes divinos, que por alguna razón se enemistan, interviene alguno de ellos a favor del hombre, y de aquí el origen de todos los problemas, males y sufrimientos humanos. El engaño de que es víctima Zeus, tramado por Prometeo, recuerda en parte las funciones del hígado, conectadas con la síntesis de las proteínas y grasas, y la acción de la hipófisis anterior sobre el crecimiento longitudinal de los huesos largos del esqueleto.

La hipófisis, en represalia, esconde a los hombres el secreto de la vida. Este hecho tiene su paralelismo en el texto bíblico: cuando dios ordena que un ángel, armado con una espada de fuego, impida que el hombre se acerque al árbol de la vida. Además, priva a los hombres, las células humanas de todo el cuerpo, del uso del "fuego inextinguible". Este fuego puede ser el símbolo de las moléculas normales del trifosfato de adenosina. Moléculas que proveen la energía necesaria para todas las reacciones metabólicas, de todas las células de los seres vivos, y que se producen en las mitocondrias. "Sin embargo, el hígado roba una chispa" del fuego divino, y la "entrega a las células". La explicación de todo lo anterior, podríamos vislumbrarla si conectamos estos hechos con aquel de la Biblia, cuando Dios le dice al hombre que obtendrá con "trabajos y dificultades" el pan cotidiano. Es debido a esa "pugna" primordial, y después de ella, los sistemas enzimáticos para producir, en las mitocondrias, la energía celular, quedan alterados muy profundamente. Siendo, por lo anterior, por lo que cada célula "realiza con dificultad" las reacciones bioquímicas que le permiten funcionar adecuadamente; volviéndose también más susceptible a enfermedades y dolencias, por lo que la vida celular se acortaría ostensiblemente y por lo mismo la del ser humano en su integridad.

b).- "PANDORA" significa "todos los dones". La caja que los dioses regalan a esta deidad, que al ser abierta imprudentemente por ella, deja escapar todos los males que afligen al hombre, puede ser interpretada como el hecho de que al hombre le "son entregados", para ser usados "con libre albedrío", los centros hipotalámicos cerebrales y todos los centros medios, en donde residen las localizaciones conectadas con la satisfacción de las necesidades humanas. En estos centros profundos del cerebro hay zonas que controlan el deseo sexual, la continencia, el hambre, la sed, la inapetencia, la ira y el temor; hay también centros del dolor y del placer, del sueño y vigilia, hay un posible centro del "estatus social" y hay otro conectado con la "posesión territorial"; y así posiblemente haya centros de la "ambición", de la posesión material y del "desprendimiento", etc. Estos centros deben ser los impulsores de las glándulas o viceversa, pueden ser impulsados por las glándulas o dioses. Por lo cual se pueden interpretar como "PANDORA", al conjunto de dones dados por todos los dioses a los hombres, de donde "salen" todas las calamidades humanas, que en su mayoría, incluso las enfermedades, podrían ser el resultado del uso excesivo o deficiente de dichos centros "de los deseos humanos". Si en este caso llamamos hombre al cerebro humano, al hipotálamo le conviene el nombre "de corazón del hombre", en donde residen sus deseos, afectos, sentimientos y pasiones, que son la principal fuente de todos los males, errores y aflicciones que aquejan a la humanidad.

c).- Prometeo encadenado en el Tártaro es el símbolo del hígado "encadenado" en el abdomen, en donde un "buitre", enviado por el Cielo le "devora las entrañas". ¿Es este buitre una hormona especial o la vesícula biliar? En caso de ser una hormona o sustancia química, tendría el efecto de intensificar la producción biliar. En caso de ser la vesícula biliar, que es lo más seguro, ésta recibe la bilis del hígado. La cantidad de bilis producida cada día. Después de ser usada para la digestión de las grasas, por resorción, las sales biliares regresan a este órgano, para ser usadas de nuevo junto con la parte de la bilis nueva, y vuelven a llenar la vesícula, por lo que, simbólicamente, se podría decir que lo producido por, o "comido" al hígado, vuelve a "renacer durante la noche".

5.15.- Las cuatro edades de la Humanidad.

Antes que los males escapados de la caja de Pandora ejercieran todo su terrible influjo, había reinado en el mundo la hermosa edad que la tradición llama de oro. "Eran, en aquel tiempo, las cosas comunes. No existían las palabras tuyo y mío. En aquel tiempo solo era necesario alzar la mano para alcanzar lo que se deseaba. Aquella primera época fue breve y fugaz. El buen Cronos fue mutilado y arrojado del Cielo. El poder supremo paso a su hijo Zeus y comenzó la edad de plata".

Los hombres, en esta edad, fueron inferiores a los primeros. Seres flojos e inertes, que pasaban su vida en estúpida prolongación de la infancia, para llegar a la juventud víctimas de su torpeza e impiedad.

Vino después la edad de cobre, en la que los hombres, cada día más feroces, duros de corazón, robustos y violentos, empeñaban entre sí horribles combates sin llegar al crimen.

Por fin la edad del hierro siguió a la anterior. Es la época de la corrupción universal. Los males escapados de la caja de PANDORA, habían acabado de infectar y dominar al mundo. Todos los delitos inundaron en tropel aquella malvada edad: El pudor, la buena fe, escaparon de la tierra y en su lugar reinaron el fraude, la injusticia, el artificio, la traición, el engaño, la violencia y la baja sed de oro. La concordia se hizo rara aún entre hermanos; la virtud fue en todas partes hollada, y la virgen Astréa, que va en pos de los inmortales, abandonó primero las ciudades, las aldeas después y huyó para siempre de la tierra anegada en sangre.

Desde la segunda edad, el año se dividió en cuatro estaciones: la primavera, verano, otoño e invierno.

Interpretación:

a).-La edad de oro corresponde a la infancia humana. La de plata, a la adolescencia. La edad de cobre es la juventud humana y, finalmente, la edad de hierro representa la madurez del hombre.

b).- La edad de plata, o la adolescencia, empieza cuando Cronos, que es la glándula llamada timo, es mutilado por Zeus, la hipófisis anterior o adenohipófisis. Esta alegoría reviste una importancia especial, pues aparte de señalar el comienzo de la adolescencia humana, puede explicar otro tipo de problemas humanos, uno de los cuales puede ser el subdesarrollo físico... "Y más que todo el económico y el político".

La Endocrinología enseña, que el Timo es depresor y antagonista de las glándulas genitales o gónadas: los Testículos o los Ovarios. Cuando llega la pubertad, la Hipófisis anterior, por medio de la hormona gonadotropa comienza a impulsar a las gónadas. Debido a esta acción, dichas glándulas quedan bajo el control o impulso de la Hipófisis, y así el Timo cesa de tener acción depresora sobre ellas. Las gónadas crecen, y al producir su propia hormona, se convierten a su vez en antagonistas del Timo. Estas relaciones hormonales: el hecho de que la Hipófisis "arrebata" o "quita" al Timo el control sobre los Testículos, es señalada en la Mitología como un acto por medio del cual la Hipófisis "Mutila", o arrebata al timo, Cronos, el control depresor que tiene sobre los testículos y ovarios.

Los Testículos, por medio de la testosterona, hormona masculina, provocan el desarrollo de los caracteres masculinos secundarios: Crecimiento de los genitales, crecimiento del pene, del pelo púbico, del pelo facial, del pelo axilar; engrosamiento de los huesos, aumento de las masas musculares, voz grave en el hombre, etc. En la mujer sus propias hormonas sexuales estimulan el desarrollo de los genitales, crecimiento de las mamas, en ambos sexos distribución especial de la grasa corporal, etc. Todo esto da los rasgos de la máxima adultez humana, física y psicológica, teniendo en cuenta, desde luego el influjo de lo adquirido culturalmente.

Siendo el Timo también antagonista de las glándulas Paratiroides, que fueron señaladas, por los poetas, como el dios HERMES o MERCURIO, protector de los políticos, de los rateros y de los comerciantes, al ser deprimido el primero, el Timo, por la acción de los Testículos, entonces las glándulas Paratiroides trabajan plenamente, al quedar libres de la acción frenante o depresora del Timo. La Endocrinología actual enseña que cuando la Hipófisis Anterior no vence, completamente, a la acción frenante del Timo sobre los Testículos u Ovarios, el individuo tiende a conservar, ya adulto, los rasgos de la etapa infantil. Posiblemente todo lo anterior explicaría el subdesarrollo económico y político no solo de ciertos individuos, sino de algunos grupos humanos.

Todo esto se podría delinear como sigue: si la Hipófisis no vence al Timo, ni los Testículos ni las Paratiroides trabajan plenamente, y recordemos que las paratiroides, según los poetas, impulsan la política, el comercio y en general todas las actividades financieras legales o ilegales. Si la hipófisis estimula plenamente a las gónadas, entonces se alcanza la máxima adultez humana, a la que algunos libros de Endocrinología llaman "Desarrollo hipofisiario o Júpiteriano" en recuerdo de los rasgos de la estatua de "Júpiter Olímpico": acros bien desarrollados, o manos y pies grandes, frente y nariz altas, robustez, sin llegar a un exceso de masa muscular, buen desarrollo piloso, etc.

c).- Las cuatro estaciones en que se divide el año, la vida humana en su totalidad, se corresponden respectivamente con la niñez, la juventud, la madurez y la vejez.

5.16.- El Diluvio.

"Después de la época de la victoria, vinieron los días de cólera y de castigo. La raza impura, audaz e impía, que moraba en la tierra, y que tomara parte en las guerras de los Titanes y de los Gigantes, fue destruida en universal cataclismo, del cual han conservado memoria las religiones de todos los pueblos:

Cuando desde su elevado trono, cuenta el poeta, miró el hijo de CRONOS los delitos de los mortales, suspiró y sintió inmensa cólera. Una cólera digna de ZEUS. Convocó a los dioses a consejo. "Todos acudieron puntuales, ZEUS teniendo en la mano su cetro de marfil, agitó su terrible cabellera, lo que conmovió en sus cimientos a la Tierra, el Mar y los Astros, y enseguida expresó con estas palabras su indignación":

El imperio del mundo no me causa la viva inquietud que hoy experimento. Ni aún en la época funesta en que los Gigantes levantaban sus brazos al Cielo. Temible era sin duda el enemigo, pero no tenía delante de mí más que una raza, y mi principio solo era la causa de la guerra. Al paso que hoy en todas las regiones donde resuenan las olas del océano, "me hallo en la necesidad de aniquilar al linaje humano; lo juro por los Ríos Infernales que bañan a las selvas de la Laguna Estigia. Todo lo he intentado, más todo ha sido en vano, pues la herida es incurable y preciso es aplicar a ella el hierro, a fin de preservar la parte sana. Bajo mis leyes están los Semi-Dioses, las Divinidades Rústicas, las Ninfas, los Faunos, los Sátiros, los Silvanos de los Montes, y aunque no los juzgo dignos todavía de los celestiales honores, han de poder habitar, cuando menos, la tierra que en suerte les ha tocado. ¿Cómo podréis creerlo, Oh dioses inmortales? Yo, el soberano del Rayo, yo, que ejerzo sobre vosotros autoridad suprema, yo me he visto expuesto a los golpes del feroz Licaonte"...

Los dioses se estremecieron y pidieron a una el castigo del culpado... luego que Zeus, con la voz y el gesto hubo callado sus murmullos, y hubieron todas las voces enmudecido ante su majestad soberana, continúa diciendo: Sobre el culpable ha caído la pena merecida, no abriguéis de eso la menor duda. Quiero, sin embargo, deciros su maldad y su castigo: La noticia de los excesos del mundo había llegado hasta mí. El amor me la hizo creer exagerada, y con objeto de visitar la tierra descendí desde el Olimpo y oculté mi divinidad bajo la forma humana. Larga tarea sería enumerar los crímenes que vi por todas partes. La fama había quedado muy por debajo de la realidad". "Había transpuesto la región de Menala, horrible antro de fieras, la Cilene y los frescos pinares del Liceo, cuando al caer de la tarde penetré en el inhospitalario palacio del soberano de Arcadia. Me apresuré a anunciar la presencia de un dios, y en tanto que el pueblo se apresuró a rendirme homenaje y a ofrecerme incienso y preces, reíase Licaonte de su piadoso homenaje. En breve, dijo, sabré si el recién llegado es dios o mortal. Y mientras por la noche estaba yo durmiendo quiso asesinarme. Con este medio pensó penetrar la verdad. Al fallar en su intento, al otro día, él mismo dio muerte a un infeliz que, como rehén, le habían entregado los molosas. Hizo hervir parte de sus miembros y la otra mitad la asó a fuego lento. Más apenas me había servido tan abominable manjar, mi rayo vengador derribó su palacio y sus Penates, dignos de tal dueño. Huyó él despavorido, y entre la quietud del campo prorrumpió en rugidos, esforzándose vanamente en hablar. Llevado por su sed de sangre se lanzó sobre los ganados; sus vestidos se trocaron en vellos, sus brazos y piernas en patas, y convertido en lobo, conservó, sin embargo, vestigios de su primitiva forma, igual color, igual violencia en los ademanes, igual fiereza en la mirada, igual aspecto de crueldad. Hasta aquí una sola mansión ha sido destruida, pero son muchas las que habrán de desaparecer. La maldad reina en toda la extensión de la tierra, los mortales se han entregado al crimen, padezcan pues, todos, la pena merecida. Esta es mi irrevocable sentencia.

Algunos dioses aplauden las palabras de Zeus. Otros las aprueban en silencio, por más que el aniquilamiento del linaje humano les cause general dolor. ¿Qué será de la tierra privada de sus habitantes? ¿Quién quemará incienso en sus altares? ¿Quiere Zeus entregar al mundo a la devastación de las fieras? A tales preguntas contesta el dios tenerlo presente todo; los tranquiliza y les anuncia una raza de hombres distinta y de origen prodigioso.

Disponíase a lanzar sus rayos por todas las comarcas de la Tierra, más temiendo que tanto fuego inflamara la sagrada mansión de los dioses y abrasara de polo a polo al mundo, adoptó otra clase de castigo, que fue sumergir al linaje humano bajo las aguas que caerían de todos los puntos del Cielo.

Noto, divinidad de las nubes, extiende sus húmedas alas, densas nubes obscurecen su semblante, de sus barbas penden blancas nieblas, el agua chorrea de su cana cabellera, y apenas estruja con sus anchas manos las suspendidas nubes, caen a la tierra torrentes de agua. La cólera de Zeus no se contiene dentro de los recursos de su imperio. Su hermano Neptuno le presta el auxilio de sus ondas. El dios de los Mares hiere con su tridente la Tierra, y, conmovida, se abren sus inmensas cataratas. Corren por el campo los desbordados Ríos, arrastrando en desordenada confusión los árboles, mieses, ganado, las casas con sus habitantes, los templos de los dioses y los objetos sagrados. Si algún edificio resiste el impacto de la corriente, lo cubre de agua, y hasta las más altas torres desaparecen anegadas. Los más elevados collados van abismándose en las aguas, las que, creciendo siempre, llegan a batir las cimas de los montes, y cuantos hombres sufrían aún los prolongados tormentos del hambre, mueren al fin por ellas devorados (Ovidio)".

Sin embrago, había entre los mortales un hombre justo: Deucalión, príncipe de Tesalia, y Zeus quiso conservarle la vida, lo mismo que a Pirra, su esposa, muy temerosa de los dioses". "En frágil Barquilla" pudieron desafiar, nueve días con sus noches, las aguas del diluvio, hasta que llegado el décimo sol, abordaron el monte Parnaso, según unos, el monte Athós según otros. Las aguas van retrocediendo, la tierra comienza a aparecer poco a poco. Al mirarla Deucalión desierta, no pudo contener el llanto, y entre sollozos dijo a Pirra: ¡Oh hermana!, ¡Oh esposa! Única mujer liberada de la muerte, nuestro común infortunio debe unirnos hoy con lazada más estrecha. A cualquier lado que dirija el sol sus miradas, solo a los dos nos ve en la tierra, únicamente los dos vivimos de la raza de los mortales, así lo han querido los dioses. Hermes, por encargo de Zeus, vuelve el vigor a su abatido espíritu, prometiéndole que su primer deseo será cumplido, y éste fue la renovación del linaje humano. Hincados los dos ante el templo de Temis, cuyos altares encontraron cubiertos de musgos y sin fuego, pidiéronlo con fervor a la diosa. Una voz del santuario les dijo estas misteriosas palabras:

Salid del templo, velad vuestras frentes, soltad las cintas y arrojad sobre vuestros hombros los huesos de vuestra abuela". Perplejos por algún tiempo, se resistía Pirra a profanar los Manes de la madre de su madre, cuando Deucalión cayó en cuenta de que, su abuela debería ser la Tierra y sus huesos las piedras. Cumplieron pues, el mandato de la diosa, y las piedras que aventó Deucalión se convirtieron en hombres y en mujeres las que arrojó Pirra". De este modo fue repoblada la Tierra".

Interpretación:

a).- Zeus, la Glándula Hipófisis Anterior, decide castigar a la humanidad debido a los crímenes y bajezas en que había caído; hechos constatados por el mismo dios. Envía un diluvio, que según veremos al analizar el mismo hecho relatado en la Biblia y en otras leyendas similares, simboliza a las aguas amnióticas, el líquido que desde el segundo mes del embarazo, llena al amnios para proteger al feto, y que sigue aumentando de volumen hasta el sexto mes para, de aquí, empezar a descender lentamente hasta llegar el final de la gestación.

b).- Deucalión y Pirra, que se salvan en una "barquilla", representan a las células germinales que emigran desde el saco vitelino hasta los primordios de las gónadas, los testículos o los ovarios, que representan a la frágil barquilla. Estas células van a asegurar la reproducción en la siguiente generación. En la Biblia se verá que esta pareja se encierra en la barquilla con "un par" de animales limpios e inmundos, los que simbolizan a los 23 pares de cromosomas, que "van a repoblar" la tierra, "que van a formar el cuerpo humano de la siguiente generación". Los nueve días y el décimo pueden ser una alusión a meses lunares, lo que daría doscientos ochenta días de gestación, nueve meses de treinta días dan doscientos setenta días.

c).- Aquí no se profundizará sobre el significado del "castigo" impuesto a las células humanas desde el segundo mes de la gestación. Lo haremos cuando interpretemos la misma etapa del desarrollo embrionario relatada en la Biblia. Ahora solo haremos hincapié en una diferencia fundamental entre las dos leyendas.

En la mitología griega, Zeus, la glándula hipófisis anterior, envía el castigo. pero recordemos que en el narración de la formación del universo y de todas las cosas, el relato del desarrollo embrionario y fetal, del ser humano, hecho por los poetas griegos, no hay dios creador de todo, sino que en el principio solo existía el caos o el caos y la tierra. En cambio en la Biblia, todo es hecho por Dios, el Señor, el Padre de la humanidad. Además, la Biblia nos dice que la primera pareja humana falló al desobedecer a su creador, y que sus hijos, sus descendientes, al caer también en una conducta desordenada, fueron castigados con un Diluvio y que solo un hombre se salvó: Noé, quien junto con su esposa, sus hijos y los animales encerrados en el arca, al salir de ésta, repoblaron la tierra. En fin ya haremos el análisis detenido de esta etapa embrionaria registrada en la biblia.

d).- Con respecto a los Penates, solo se adelanta, por ahora, que son la clave genética personal y familiar, y también, como un adelanto, los Lares son el juego genético correspondiente a un grupo nacional. Recordemos la frase "regresar a los Patrios Lares".

2. Divinidades del Cielo

## 5.17.- Zeus. Júpiter en Roma.

"Sobre Todos los dioses, y comprendiendo a todos en su inmensidad, está Zeus o Júpiter (de Jov-Piter: Dios padre en latín). Su omnipotencia se extiende sobre el Universo entero y toma en sus variadas manifestaciones nombres y atribuciones diversas.

Él es sobre todos el dios fuerte: "¿Queréis Dioses y Diosas experimentar mi fortaleza? Colgad en el Cielo una cadena de oro y jalad todos de ella; vuestros esfuerzos no lograrán arrastrar hacia la Tierra al que es Vuestro Señor Supremo. En cambio sí tirase yo de la cadena, Tierra y Mar vendrían a mí, y de fijarlos en el Olimpo, quedaría el Universo Suspendido. Tan superior es mi fuerza a la de los hombres y de los Dioses (Homero)".

ZEUS FUE, ES Y SERÁ, decían sus sacerdotes. De esta supremacía de Zeus da idea el siguiente fragmento de un himno órfico:

Zeus fue el primero y el último; Zeus es cabeza y centro; de él provienen todas las cosas; Zeus fue hombre y virgen inmortal; Zeus es el fundamento de los cielos y de la tierra; Zeus es el hálito que anima a todos los seres, es la esencia del fuego, el cimiento del mar; Zeus es el Sol y la Luna; él es Rey y, solo, es el creador de todo; Zeus es dios; Zeus es desde todo principio; su ser abraza a todos los seres, al fuego, al agua, al éter y al día. Titea la primera creadora y EROS encantador, todos se hallan en él contenidos".

El dios omnipotente es al mismo tiempo soberanamente sabio; de sus resoluciones a nadie da cuenta; sus consejos son impenetrables para todos los dioses, hasta para Hera su esposa. Lo que en su sabiduría ha decidido no puede dejar de cumplirse. A su penetrante mirada nada escapa, y en el Olimpo, lo mismo que en la Tierra, lo ve todo, lo sabe todo, lo conoce todo.

A los Dioses les ha concedido todo, menos obrar como soberanos; ninguno de ellos es libre, excepto Zeus.

De Zeus emanan todos los males y bienes de la humanidad; cuanto al hombre sucede acá en la tierra, lo dispone Zeus:

pobreza y riqueza; salud y debilidad; grandeza y cuna humilde; felicidad e infortunio, son los dones que Zeus da alternativamente a los humanos. Él es el que suscita a los guerreros, el que forma los sabios; de su mano reciben unos la gloria y el vilipendio otros. Con facilidad confiere la fuerza, con facilidad la quita, con la misma anonada al fuerte. Por él es humillado el varón ilustre o el hombre oscuro exaltado.

La providencia de Zeus se extiende sobre todos, desde los más poderosos hasta los más humildes, desde los monarcas hasta los mendigos.

En los poemas homéricos, los reyes son llamados hijos de Zeus, y éste, dice el poeta, los ama con particular amor. De él reciben su poder, ya que la potestad regia, el poder de gobernar, no es sino encarnación de la potestad divina. Los soberanos son lugartenientes del soberano del cielo.

Cuando estos lugartenientes, arrastrados por sus pasiones, en lugar de guardar y hacer guardar la justicia, huellan y son infieles custodios del divino deposito que se les ha confiado, a Zeus toca castigar el abuso que de su autoridad se ha hecho, para su divina justicia no existe entre los culpables distinción, y castiga por igual al pueblo y al rey, pues ante sus ojos, ambos merecen su castigo.

Ulises dice a Penélope:

Merced a un buen gobierno, la negra tierra produce en abundancia trigo y cebada; los árboles doblegan sus ramas al peso de los frutos; para los ganados no existe la esterilidad, da el mar provechosa pesca.

La Ilíada pinta el reverso de la medalla:

"De esta manera, en oscuro día de otoño, agobia a la tierra la tempestad, con la mole de sus enfurecidas aguas soltadas por Zeus, en su ira contra aquellos hombres que, puestos a la cabeza del pueblo, pronuncian inicuas y violentas sentencias, y menosprecian la justicia, sin cuidarse del ceño de los dioses. Los ríos corren desbordados, los torrentes labran y desgarran sus pendientes cauces, y mugiendo se precipitan al mar alborotado; los campos quedan devastados, los infelices campesinos se encuentran sin abrigo".

Zeus conserva las sociedades humanas, amparando las leyes en que descansan", y él es el dios de la fe jurada, y de la amistad. Es también el dios Xenios, que preside la hospitalidad con los extranjeros:

"Si de tu miseria me apiado, dice Euméo a Ulises, a quien no conoce, es porque temo a Zeus hospitalario".

Al viandante indigente este dios acompaña y guía en su camino; si su miseria sufre ultrajes, él se constituye en su vengador. "el pobre es más que respetable para el Dios supremo: es sagrado".

Aunque persigue terriblemente a los culpables, Zeus tiene abierto el corazón a la piedad y a la compasión:

Mal te sienta hijo mío, no abrigar en tu pecho misericordia, dice Fénix a Aquiles; cuando los dioses mismos no son inflexibles: los sacrificios, las súplicas, las libaciones, el humo de las víctimas, pueden aplacar su justo enojo por las faltas que contra ellos cometemos. Las oraciones y las plegarias son hijas de Zeus".

Zeus es protector del país. Ampara a las casas, en especial al jefe de familia. Es custodio del hogar; preceptor de las mujeres; tutor de los hijos; es institutor de las sociedades y de las religiones; es padre de las razas humanas.

Tal es el Zeus homérico, noble y elevada figura que contrasta ostensiblemente con el usurpador del Cielo, con el tirano que robó su imperio al buen Cronos, con el aventurero amoroso que va en pos de todas las mujeres, como aparecen en las tragedias de Esquilo y otras leyendas griegas, y que es causa y autor de todos los males que afligen a la humanidad.

Esta confusión sólo se explica, teniendo en cuenta que los griegos, como la mayoría de las naciones de su época, fueron desempeñándose por las pendientes de la degradación y corrupción en su vida pública y privada, y al final de cuentas imputaron a los dioses los vicios en que ellos habían caído.

De acuerdo con la Teogonía, Zeus se unió con Metis, que es la Meditación o la Sabiduría, para que le enseñase el conocimiento del bien y del mal. Se casó luego con TEMIS, La Justicia, que actúa en el orden físico y en el orden moral. Esta deidad, en el primer sentido, es madre de las Horas o Estaciones, y en el segundo, de Astréa o la Equidad de la Ley, y de Irene La Paz. Sentada a la derecha de Zeus, asiste a los divinos festines, y heraldo de la divinidad soberana, convoca a los dioses a consejo. Cuando Hera, regresa al olímpico palacio, Temis es la que sale a recibirla y le presenta la copa. Es protectora de todos los derechos, perseguidora de la injusticia, y ella, que preside a la justicia humana, cuyo origen no es otro que la divina justicia, es la que manda a los hombres a no dirigir más peticiones que las justas y razonables, y es la que entiende de todos los contratos entre los hombres y vela por su cabal observancia. La representan teniendo una espada en la mano y en la otra una balanza de cruz. El dios se unió también con Euronimea, de la cual tuvo a las tres Gracias, y después con Mnemosina, La Memoria, la cual fue madre de las Musas.

Los hijos nacidos de éstos y otros divinos enlaces, representan aspectos múltiples del trabajo de Zeus. Las uniones que éste contrae con mujeres mortales, no son sino fábulas concebidas para explicar el origen de Héroes y Semidioses. En su lugar oportuno hablaremos de estas leyendas.

Conforme a lo dicho, se ve que Zeus o Júpiter era tenido, tanto en Grecia como en Roma, y en todos los lugares a donde se extendió su culto, como el Dios de las alturas, el soberano del cielo, el principio de todo orden, de toda salud y de toda justicia.

La concepción primitiva se modificó por tantas influencias, locales y extranjeras. De ahí los epítetos variados que se le aplicaron en Roma: Agetor porque conduce a los pueblos; Alastor porque castiga a los malos; Dies Piter porque es padre del día; Lapis porque protege los lindes y las fronteras; Pluvines porque envía la lluvia; Tonante porque envía el Trueno y el Rayo; Predator porque a él se consagraba el botín cogido al enemigo; Nicéforo porque otorga la victoria; Feretrius y Stator por el auxilio que prestara a los romanos contra sus enemigos; etc.

La mansión en que colocaba la mitología al soberano del Cielo, era el Éter, dominio del inmutable y sereno esplendor, más allá de la densa atmósfera terrestre, obscurecida por las nubes y turbada por las tempestades. Allí habita Zeus rodeado de la luz eterna, en medio de las divinidades que forman su familia y su corte.

Júpiter Latiaris o Lalialis, era en Italia, en los primeros tiempos, protector de la Liga Latina. Más tarde Júpiter fue el dios de la juventud y se le adoraba como Juvenis, Juventus y Adultus. Como divinidad del hogar, lo hacían las familias objeto de veneración profunda, y era en fin el dios de quien se esperaba toda clase de auxilio y favor. Por estas circunstancias públicas y privadas era invocado como Custos, Tutor, Liberator y Salutaris, custodio, preceptor, liberador y sanador.

Pero a todos excedía el culto que se le tributaba en el templo que los Tarquinos, levantaron en el Capitolio: adornado con las columnas de Minerva-Atena y con una estatua colosal de marfil y oro, copia del Zeus del templo de Olimpia, hecha por Fidias. Era el primero entre los dioses de Roma. En los sacrificios, en las fiestas, en las ceremonias se desplegaba un lujo deslumbrador. Siendo allí adorado no con otro título en particular, ni por atributos accidentales, sino como Júpiter Máximo y Óptimo: Júpiter "Más Grande y Mejor". Soberano ideal del Estado, el Rex (el Rey), con todas sus atribuciones; el dios romano por excelencia, el dios del pueblo rey, cabeza del Imperio. A su bondad, a su inmenso poderío, Roma se sentía deudora de ser la ciudad de las ciudades, como él era el dios de los dioses. El templo primitivo, al que se ajustaron todos los posteriores, tenía tres naves; en la central estaba Júpiter, teniendo a Minerva a su derecha y a su izquierda a Juno, su esposa. Muchas veces el nombre de Júpiter comprendía implícitamente al de ambas diosas. Estas tres divinidades fueron las primeras en Roma, siendo invocadas en las solemnidades después de Jano, dios exclusivamente itálico, de quién hablaremos después.

Por lo común se representaba a Zeus-Júpiter "sentado" en trono de oro y marfil, con el Rayo en la diestra y en la mano izquierda el cetro o una imagen de la Victoria. Sus largos y abundantes cabellos caen en ambos lados de la frente, que es ancha, elevada y muy abultada en la raíz de la nariz, tiene los ojos muy grandes y hundidos, la nariz rectísima y alta y la barba rizada; sus formas robustas no son las de un atleta, todo en él respira calma y majestad, a sus pies está el águila. A él le estaban consagrados el roble, la encina y el águila.

Cerca del trono de Zeus estaban las Aétes, diosas de los arrepentidos, y las Lites que lo eran de las oraciones. Unas deponen al pie de su sagrado padre el dolor de los culpables, las otras tímidas y consternadas, dejan de continuo, cojeando con inseguro paso, la celeste morada, para ir en pos de Até, La Discordia, a fin de reparar los males causados por ésta. La alegría del Olimpo era Hebe, diosa de la juventud, hija de Zeus y Juno. Desempeñaba en el divino palacio las funciones que correspondían a las doncellas, como era: disponer el carro de su madre, lavar y cuidar los magníficos vestidos de sus hermanos, y sobre todo servir la copa a los inmortales. Con el nombre de Juventas y como atributo especial de Júpiter era Hebe muy venerada en Roma sobre todo por las familias ricas. Más tarde, al raptar Zeus, convertido en águila, a Ganímedes, Hebe quedó solamente como servidora de Juno, siendo el primero colocado en el Cielo entre las constelaciones del Zodíaco, con el nombre de Acuario.

Interpretación:

a).- Zeus o Júpiter, es la parte "Anterior de la Glándula Hipófisis, llamada también Adenohipófisis o Glándula Pituitaria". Este órgano de secreción interna produce hormonas, "líquidos químicos", que segrega directamente a la sangre. La Hipófisis está localizada en el centro de la cabeza (ver esquemas), "asentada sobre la Silla Turca, hueso con ésta forma, que le sirve de soporte y protección". A propósito, como un paréntesis importante, la palabra hormona proviene del verbo griego hormain: excitar. También en griego Aggelos, pronunciado Angelos, quiere decir: Mensajeros. A las hormonas se les ha llamado también "Mensajeros Químicos".

Dicho órgano glandular, tiene aproximadamente el tamaño de una avellana y lo conforman tres partes: la Hipófisis anterior, Adenohipófisis o Hipófisis propiamente dicho; la Hipófisis posterior o Neurohipófisis, y la Hipófisis intermedia, que es apenas un tabique de tejido celular que separa las dos partes mayores Los dos lóbulos más grandes de la Hipófisis provienen de distintos tejidos embrionarios: el anterior es un derivado del techo de la boca embrionaria; el posterior o Neurohipófisis se deriva directamente del tejido nervioso.

b).- Se Interpreta que Zeus es la Adenohipófisis por las siguientes razones:

1°).- Zeus "sentado en su trono o silla", "gobierna" al universo. La glándula hipófisis está "asentada" sobre el hueso, llamado, por su forma, silla turca, que sería como su trono y el de Hera su esposa.

2°).- Porque su esposa Hera o Juno, el lóbulo posterior de la hipófisis, está junto a él, sentada también en ese mismo trono, compartiendo el gobierno del universo.

3°).- La adenohipófisis o hipófisis anterior, ha sido llamada "Glándula Maestra, o Cerebro Hormonal, o Directora de la Orquesta Hormonal", porque debido a la producción de hormonas especiales, gobierna y controla el trabajo y la producción hormonal de otras glándulas. La mitología dice que: "Zeus es Rey de los Dioses, lo cual se interpretar como "Órgano rector de los Órganos" o "Glándula de las Glándulas".

Las hormonas conocidas actualmente, producidas por la Hipófisis anterior, son seis, aunque a veces se dice que son más:

Somatotropina u hormona Somatotrópica: relacionada con el crecimiento del cuerpo y de los huesos. Estimula el aumento de peso y el desarrollo, en altura, del esqueleto. Su exceso produce gigantismo y su carencia causa enanismo.

Prolactina u hormona Lactogénica: Toma parte en el ciclo de los estrógenos; inicia y mantiene la secreción de las glándulas mamarias en los mamíferos, ayuda al mantenimiento del cuerpo lúteo e interviene, también, en el crecimiento. Se produce tanto en el hombre como en la mujer. Se cree que por estimulación vigorosa de la piel, este proceso, ayuda al crecimiento tanto físico como emocional y esta sería la razón de la masoterapia.

Gonadotropinas u hormonas Gonadotropas: Promueven la actividad de las gónadas o glándulas genitales: Testículos y Ovarios, y representan un papel de gran importancia en la conducta sexual. Son dos las Gonadotropinas:

La Folículo-estimulante: Que induce el desarrollo de los folículos del ovario en la hembra, y estimula al crecimiento de los tubos seminales, y el mantenimiento de la producción de esperma en el hombre.

La gonadotropina luteinizante: Actúa para regular los últimos estadios del desarrollo del folículo, y la ovulación y la secreción de estrógenos en la hembra. En el hombre, estimula a los Testículos a producir su hormona propia, la Testosterona.

La Tirotropina u hormona Tirotrópica: Es esencial para el desarrollo normal de la Glándula Tiroides, que entre una de sus funciones está promover el metabolismo general, estimular el desarrollo del cerebro, y mantener su actividad neuronal.

La hormona Corticotrópica. Esta hormona estimula la corteza de las Glándulas Suprarrenales, para producir hasta veintiocho esteroides hormonales diferentes, que son los que originan a sus cuatro hormonas principales: el cortisol, la corticoesterona, la aldosterona y sustancias androgénicas, que refuerzan los rasgos sexuales, entre las que se halla la Androsterona y la Dehidroisoandrosterona. Algunos de estos esteroides son precursores de estrógenos y de testosterona.

4°).- Zeus es dios del Cielo, el Altísimo, y se dice que está en el Éter, "la atmósfera celeste quieta y calmada, Más allá de las tempestuosas nubes". Las tempestuosas nubes, son símbolo de las masas cerebrales, sometidas a la actividad psíquica, que es detectada actualmente como potencial eléctrico en las distintas zonas cerebrales. El éter quieto y calmado, sería una referencia a los centros cerebrales medios e inferiores, que tal vez tienen una actividad eléctrica "más calmada". El altísimo significa que ésta glándula ocupa un lugar "muy alto" en el cuerpo. Dios del cielo, quiere decir que está en la cabeza.

5°).- Zeus ésta sobre todos los dioses y comprende a todos en su inmensidad. La hipófisis anterior está sobre todos los órganos, directamente sobre las glándulas y, por esta razón, se puede decir que, indirectamente, sobre todos los órganos.

El decir que comprende a todos en su inmensidad, debe tener conexión con el hecho de que, la Hipófisis anterior, consta a su vez de tres partes: La parte distal, la parte tuberal y la parte intermedia. Estas tres partes, podrían estar simbolizadas por los tres rayos que tiene Zeus en la mano derecha. En estas tres partes, se encuentran diferentes grupos celulares (posiblemente seis), productores de las distintas hormonas, por medio de las cuales la hipófisis controla a otras glándulas. Estos grupos celulares están más o menos desarrollados de acuerdo con la intensidad de su producción hormonal. Según lo anterior, puede decirse que la hipófisis, con todas sus partes celulares distintas, es una glándula múltiple, que encabeza el trabajo de otras glándulas, directamente, y de todos los órganos indirectamente, a través de éstas y del sistema nervioso, puesto que, como es bien sabido, las glándulas de secreción interna o sistema endocrino, concebido como un todo, está en íntima relación con el sistema nervioso.

Repitiendo, para que quede clara la idea, "el decir que Zeus contiene a todos los dioses en su inmensidad, tiene como base que esta glándula está formada por tejidos celulares diversos que por decirlo así "actúan como", y encabezan a, las glándulas principales".

Lo anterior puede hacerse aún todavía, más evidente, si enfocamos el aspecto desde el punto de vista mitológico-religioso: Piénsese en un soldado romano que va a entrar en combate; se encomienda y pide ayuda a Marte, dios de la guerra. Marte es el que protege y apoya en la ejecución material de la lucha, en aquellos tiempos, en mucho, cuerpo a cuerpo. Marte da el valor, la fuerza, el coraje, la resistencia, el aguante y el empuje. En caso de necesidad, provoca la retirada y de salir herido, el combatiente, le da la salud. Se llegó a decir que la Muerte se quejó ante el "Destino, porque Marte arrebataba de sus manos a algunos moribundos, Ahora bien, Marte, como se verá más adelante, representa a las "Glándulas Suprarrenales". Glándulas que apoyan al ser humano en todas sus actividades normales que requieren gasto de energía: para realizar sus obras y trabajos, y para manifestar su agresión. Estas glándulas, le permiten al hombre enfrentar todas las situaciones difíciles y peligrosas, y todas las circunstancias que producen "sobrecarga física y emocional o psicológica", que pudieran dañar al cuerpo o poner en peligro la vida y la integridad: Golpes, heridas, quemaduras traumatismos y hemorragias; el calor y el frío excesivos; congelamiento, radiación ionizante, lesiones por corriente eléctrica, falta de oxígeno, descompresión; luz, ruido y olores intensos; grandes esfuerzos musculares, cansancio, fatiga y falta de sueño, sustancias químicas dañinas; las toxinas producidas por las enfermedades infecciosas; la fatiga física y mental; la angustia, la apuración y la tensión, provocadas por una vida dura y difícil, o en época de escasez y de hambre; el shock producido por accidentes traumáticos, causantes de heridas graves y de sobrecarga física y emocional, grandes intervenciones quirúrgicas, operaciones de emergencia; neurosis, psicosis y depresión; fobias, angustia, ansiedad y miedo crónicos; drogas y medicamentos; hambre y desvíos nutricionales. Menstruación y embarazo; compromisos, problemas y dificultades; sobrecarga emocional por duelos y pérdidas, edad avanzada: Las glándulas suprarrenales cuidan al cuerpo de todos estos peligros y contingencias, que en general se dice que producen "Estrés" (stress) o "SOBRECARGA", estableciendo, por medio de sus hormonas, tres estados de acuerdo con los requerimientos y la gravedad de la situación:

El estado de Alarma, el estado de Resistencia y el estado de Agotamiento o enfermedad grave, en el cual se puede estar al borde de la muerte. Para establecer cada uno de los estados citados, las suprarrenales producen, por medio de su corteza, las hormonas necesarias y en cantidad suficiente, únicamente bajo el impulso de la hormona corticotropa, producida por la hipófisis anterior. La cantidad de hormonas segregadas por la corteza suprarrenal está condicionada por el estado de salud general del cuerpo, la salud de la hipófisis y la salud de las suprarrenales mismas, y más que todo por la capacidad de respuesta de estas glándulas, determinada por la frecuencia de las demandas de las situaciones anteriores, y repetidas, de peligro o sobrecarga. Por todo esto, es posible darse cuenta que, para el soldado que se encomendaba a MARTE, lo mismo podría haberlo hecho, obteniendo los mismos resultados, a Zeus, La Glándula Hipófisis Anterior. Y se hace patente, por qué los antiguos decían que Zeus, en su inmensidad comprende a todos los Dioses.

6°).- Zeus es dios de la Lluvia, del Rayo, del Relámpago, del Trueno y de las Tempestades. El atributo de dios de la Lluvia, aplicado a la Hipófisis, puede ser fácilmente explicado: La lluvia bienhechora que este Dios hace caer a la tierra, desde las nubes, se refiere a la producción hormonal directa e indirecta que esta glándula produce e induce. La producción hormonal directa ya fue señalada en el tercer inciso. La producción hormonal indirecta se realiza en el hipotálamo, una de las zonas medias del cerebro, en conexión íntima, por medio de la circulación sanguínea, con la hipófisis, lo que aclara la alegoría de "lluvia de las nubes", pues nubes es el símbolo de toda la masa cerebral o de cualquiera de sus partes.

Aquí cabe aclarar que la ciencia actual señala que la producción hormonal de la Hipófisis está condicionada, controlada y dirigida por el Hipotálamo. Más bien, "especulando", se podría decir que en el Hipotálamo hay un centro sensible de la concentración de hormonas en el torrente circulatorio. Este "centro sensor", o sensible, es el que avisaría a la Hipófisis de la necesidad de aumentar, disminuir o detener la producción de algunas de las hormonas. Sería, pues, únicamente: "Un señalador o detector químico", para que la hipófisis, tome las decisiones que van a restablecer y equilibrar el juego hormonal. Esto se dice, teniendo en cuenta el hecho, de que para los griegos y los romanos, Zeus o Júpiter, la hipófisis anterior, era el dios máximo del universo. "El Órgano Rector de todo el cuerpo humano".

c).- Los atributos de dios productor del Rayo, del Relámpago, del Trueno y de las Tempestades, es más difícil de explicar, porque se refiere, seguramente, a acciones hipofisarias indirectas. El Rayo, se refiere al impulso electroquímico, aferente o eferente, a través de los nervios, llamado corriente nerviosa. El Relámpago se puede referir al paso de este impulso de una neurona a otra (hay una teoría que nos dice que este paso puede ser como un "chispazo" o Relámpago a través de las neuronas). El Trueno estaría en íntima conexión con dicho "chispazo". Cuando esos Truenos se realizan a través de muchas neuronas se puede pensar en verdaderas "TEMPESTADES ELÉCTRICAS", localizadas en las diferentes regiones o zonas cerebrales, detectadas actualmente por medio del electroencefalograma. Dichas Tempestades pueden ser normales a anormales, y por lo tanto pueden producir un electroencefalograma normal o anormal. Pero como no se ha encontrado hasta ahora una relación directa entre el funcionamiento químico de la Hipófisis y la actividad nerviosa cerebral, solo se puede suponer que ésta sea indirecta. Como señalamos antes, la Adenohipófisis o Hipófisis anterior, puede ejercer un control indirecto sobre el cerebro a través de la sangre, por medio de las hormonas que produce. A título de ejemplo, señalaremos que en el caso de hipotiroidismo, que es una enfermedad, caracterizada por el trabajo de la tiroides por abajo de lo normal, se producen síntomas de torpeza, pereza y somnolencia, lo que indica que la "actividad de la corteza cerebral" está sumamente reducida. Se sabe que por medio de la hormona "tirotropa, la hipófisis impulsa a esta glándula".

Por otro lado, hay sustancias químicas o neurotransmisores, conductoras, que posibilitan el paso del impulso nervioso de una neurona a otra, y de los impulsos periféricos: los impulsos que se producen en las terminaciones nerviosas localizadas en los órganos, en la piel o en el sistema muscular. Esos neurotransmisores son: La Acetilcolina, la Noradrenalina, la Serotonina, la Dopamina, las Endorfinas etc. Estas sustancias son productos hormonales, o de desdoblamiento hormonal, y son producidas tanto en el cerebro, como en los diferentes grupos ganglionares del sistema simpático y parasimpático, y en las terminaciones de las fibras nerviosas. La concentración y actividad de los neurotransmisores, está condicionada por el interjuego del sistema nervioso central, del sistema nervioso autónomo, del gran simpático, del parasimpático, y del sistema nerviosos periférico. Las dos redes del sistema nervioso autónomo aceleran (el gran simpático), o retardan (el parasimpático), el trabajo de los órganos o vísceras.

El centro de control de estos dos sistemas o redes nerviosas está en el Hipotálamo, y como ya señalamos anteriormente, esta zona está conectada íntimamente con la Hipófisis anterior, aunque no por inervación directa, sino a través de un juego hormonal todavía no debidamente aclarado y entendido. La fisiología señala que hay un eje hipotalámico-hipofisario.

d).- Habiendo presentado las razones que indican que ZEUS es la glándula Hipófisis anterior, se siguen analizando los diversos atributos y rasgos de este dios, para tratar de darles la posible base biológica que los sustentan. Zeus es sobre todo el dios fuerte y como ya dijimos, reta a los dioses a tirar de una Cadena de Oro suspendida del Cielo. Les dice él, que por grandes que sean sus esfuerzos no lograran mover al dios, pero que si él tira de ella, Tierra, y Mar vendrían hacia él y en caso de fijarlos en el Olimpo, el Universo quedaría suspendido.

Ya vimos que todas las vísceras están inervadas, o conectadas a dos redes nerviosas llamadas: el Gran Simpático y el Parasimpático. Todo el juego y trabajo orgánico y visceral es controlado por estos dos sistemas, llamados en conjunto sistema autónomo o "automático", por estar fuera del control de la voluntad. Este sistema es el encargado de mantener el equilibrio y la estabilidad de los órganos y del medio interno, a esta acción se le llama homeostasis. En circunstancias normales, por ejemplo: Durante el trabajo, el descanso, el dormir, la digestión, la circulación, la eliminación, la respiración, etc. Se encarga también de producir los cambios internos, en los casos de emergencia, peligro, enfermedad, y cualquier hecho que requieran medidas extraordinarias: En el caso de peligro, produciendo por medio de la médula de las glándulas suprarrenales una descarga extraordinaria de adrenalina, que acelera los latidos del corazón para que la sangre pueda llevar a los músculos las reservas energéticas; acelera el ritmo de la respiración; ocasiona que el hígado produzca una mayor cantidad de glucosa que va a dar las fuerzas necesarias para enfrentar y repeler al ataque; prepara al cuerpo, para que en caso de heridas la sangre se coagule más rápidamente, etc. Se puede decir que en general el sistema simpático promueve la acción, la lucha y el trabajo, acelerando las funciones de los órganos; y que el sistema parasimpático promueve el descanso, el placer y la recuperación de energías, retardando las funciones de los órganos. Todo esto se realiza en parte como acciones nerviosas reflejas e involuntarias, y en parte como acciones, también involuntarios, desde los centros hipotalámicos, tanto por vía nerviosa como vía hormonal.

El reto que hace Zeus, la Hipófisis anterior, a los órganos, dioses y diosas, significa que si éstos actúan por medio del simpático o del parasimpático (La Cadena de Oro), no podrán mover al dios de los dioses, a actuar hormonalmente. Pero, que en cambio, si la Hipófisis actúa sobre el parasimpático (ya señalamos antes que seguramente puede actuar, por la circulación, sobre los mecanismos nerviosos, específicamente por medio del nervio neumogástrico), puede "Llevar hacia Él" a la Tierra y al Mar. Siendo la tierra el pecho y el Mar la circulación el simbolismo indica que la Hipófisis puede retardar la respiración y los latidos del corazón, y en el caso de "fijar, suspender, detener, estas funciones", provocaría la "suspensión del Universo o muerte del cuerpo. ¿Puede la Hipófisis producir, por decirlo así, un paro cardiaco? La ciencia debe decir la última palabra. Lo único que podemos agregar a esto es que los médicos hablan a veces de una "Tempestad vagal" o crisis parasimpática; causada principalmente por acción del "Vago o décimo nervio craneano". Las fibras de este nervio, se distribuyen principalmente por la "faringe, tráquea, corazón, pulmones, bronquios, esófago, estómago, intestino delgado y vesícula biliar.

e).- Zeus es Cabeza y Centro. Zeus es el Sol y la Luna. Zeus es Hombre y Virgen Inmortal. La idea de Zeus Cabeza y Centro, quiere decir solamente que está en el "centro de la cabeza". Que es el Sol y la Luna indica que la glándula Hipófisis está formada por dos partes, la anterior o Adenohipófisis y la posterior o Neurohipófisis. Puede indicar, también, que estas dos partes están lo mismo en el hombre, El Sol, y en la mujer, La Luna. A las partes anterior y posterior de esta glándula las hallaremos también señaladas como el Sol y la Luna, en el hinduismo, en la mitología egipcia y en las leyendas incaicas, entre otras.

Zeus Hombre y Virgen Inmortal, puede estar conectado o con la producción de la hormona galactógena, que se produce tanto en el hombre como en la mujer, o con el hecho, señalado antes, que se identifica con sus dos partes, así como la ciencia a veces dice: Glándula Hipófisis, refiriéndose a las partes anterior y posterior; además, produce las gonadotropinas que actúan en los dos sexos.

f).- Enseguida analizaremos los atributos biológicos, culturales y sociales señalados a Zeus: Zeus es padre de las razas humanas; Zeus hace al humilde y al poderoso; Zeus instituye las sociedades humanas y les da las leyes en que descansan; y Zeus es cabeza del Estado.

Que Zeus es el padre de las razas humanas, puede encerrar la idea que algunos científicos actuales han delineado, diciendo que las características físicas y mentales del ser humano están condicionadas por el juego hormonal, producto del trabajo de las glándulas. Es bien sabido que los Ovarios y los Testículos producen, por medio de sus hormonas los rasgos sexuales secundarios femeninos y masculinos. Es sabido que las glándulas suprarrenales, junto con los Testículos, producen las grandes masas musculares de los que trabajan manual y físicamente. Es sabido que el mayor o menor funcionamiento de la tiroides y en casos especiales de las paratiroides pueden retardar o acelerar la actividad mental; además, es bien sabido también que las enfermedades por la acción excesiva o deficitaria de las gónadas, de la tiroides, de las suprarrenales y de la misma Hipófisis principalmente, pueden provocar profundas alteraciones morfológicas y alteraciones mentales. Más estos hechos no son suficientes para afirmar que la Hipófisis determina a las razas o tipos humanos. Empleamos la palabra raza desde un punto de vista estrictamente biológico, dejando a un lado todo significado, o relación, o connotación que se le quiera dar con aspectos políticos o ideológicos, basados en el fanatismo y La ignorancia.

El único argumento, o más bien hecho, que podría conectarse con este atributo, es que cuando la Hipófisis se ve afectada por un tumor que se produce en ella, o cerca de ella, provienen dramáticos cambios corporales, que podrían indicar un posible mecanismo de la acción de la Hipófisis y de otras glándulas, sobre la evolución y sobre los distintos tipos humanos. Esta afección de la Hipófisis se llama "Acromegalia". Enfermedad insidiosa, que avanza lentamente, y de la cual el individuo afectado, puede darse cuenta después de varios años de haber comenzado el proceso morboso. Es posible que sean sus familiares los que se den cuenta, al notar los cambios que sufren sus rasgos faciales. Para captar el dramatismo de los cambios pensemos en una persona de típicos rasgos caucásicos: Nariz alta y perfilada, frente amplia, labios delgados, cuerpo esbelto, etc. En el caso de la acromegalia estos rasgos van cambiando lentamente, poco a poco se hacen toscos y burdos: la nariz se engruesa, los labios se engruesan, la piel se engruesa también y se oscurece; en este punto la persona enferma presenta rasgos que lo asemejan a un mestizo. En tanto el proceso sigue avanzando, el mentón y la mandíbula inferior se agrandan; los pies y manos se agrandan y se hinchan, haciéndose toscos y deformes. La piel de la cara, sobre todo la de la frente, se engruesa exageradamente, lo mismo que los huesos del cráneo sobre todo el frontal; las costillas se agrandan; las vísceras: el hígado, el estómago, etc., crecen y se agrandan, y todo el esqueleto aumenta de grosor, provocando que por su mayor peso el individuo se encorve. En esta etapa, debido al encorvamiento del cuerpo, y a los rasgos faciales totalmente alterados, el enfermo presenta el aspecto de primate o de un tipo humano muy primitivo (ver fotos y dibujos). Toda la química del cuerpo se ve alterada puesto que estando la Hipófisis, afectada, no puede ejercer el debido control sobre la tiroides, las paratiroides, las suprarrenales, y el páncreas, produciéndose a veces diabetes y otras enfermedades.

Si el tumor es extirpado, la persona puede llegar a recobrar, con el tiempo, su aspecto normal, si es que no ha muerto, debido a que el cuerpo no pueda hacer frente a los cambios causados por el desequilibrio hormonal.

En este proceso, morboso, podemos ver como una persona "normal", puede llegar a tener un aspecto muy primitivo. Claro está, insistimos, que es un proceso patológico, morboso, anormal; más la inducción que podríamos hace sería esta, a manera de pregunta; ¿Así como una Hipófisis enferma puede causar tal "regresión" en un individuo, no es posible pensar, excluyendo cualquier proceso morboso grave, que esta glándula haya producido cambios "adaptativos-ambientales", debidos al clima, a la alimentación, etc. en tipos primitivos humanos, hasta hacerlos llegar a tener su apariencia y aspecto actual? Solo en este sentido, podría explicarse que los antiguos la llamaran "padre de las razas humanas".

En este punto tenemos que señalar que los romanos conocieron un aspecto "Sombrío o Malo" DE Júpiter, y en este caso le llamaban Vejovis, Júpiter Malo. Decían que, de acuerdo con este atributo, JÚPITER ejercía una influencia maléfica sobre la persona. Esto estaría de acuerdo con una Hipófisis enferma o afectada por un tumor.

Por último se sabe que los lóbulos de la Hipófisis están separados por un tabique celular. Se cree que este tabique celular o el lóbulo anterior, son los que producen una hormona melanófera, que actúa sobre la producción de melanina, en las células epiteliales, que determina el color de la piel. Este podría ser el mecanismo determinante del color distinto de los diversos tipos humanos.

Zeus institutor de las sociedades. Además, ya señalamos en el Cápitulo "La Civilización y Cultura", que hay cuatro factores que benefician al ser humano, y estos son: La Alimentación, la Higiene, la Educación y la Moralidad. En cuanto a la higiene personal, no solo es factor de evolución social y cultural, sino también la higiene ambiental y un clima propicio, en donde el aire esté menos contaminado, y en donde los factores de luz, humedad y temperatura sean favorables para el desarrollo físico y mental del ser humano. Desde luego todo "cambio adaptativo" se daría a través, y bajo la acción de la Glándula Hipófisis. En este caso los Genes de un Grupo, darían una máxima gama de posibilidades adaptativas y, la Hipófisis, iría realizando las posibles y mejores, dentro de un ambiente dado.

El segundo rasgo dice que Zeus hace al humilde y al poderoso. La Endocrinología actual, el estudio de las glándulas, señala que la Hipófisis produce un tipo de desarrollo corporal, que llama "Desarrollo Júpiteriano", por los rasgos característicos que da al individuo: Miembros robustos; acros, o "puntas" del cuerpo, grandes: pies, manos, nariz y mentón; frente amplia; índice alto, en la relación entre la longitud del cuerpo dividida entre el grosor, o sea, forma más o menos larga y esbelta. Estos rasgos coinciden con los de la estatua de Júpiter Olímpico, y de aquí que los endocrinólogos los hayan señalados como "rasgos o desarrollo Jupitriano".

De acuerdo con lo anterior, puede pensarse que los antiguos intuyeron, por un lado que Zeus o Júpiter, La Glándula Hipófisis, daba ese tipo de desarrollo. Por otro lado, que la misma Hipófisis, variando todo el juego hormonal, puede producir los diferentes tipos de desarrollo individual, dentro de una sociedad, produciendo así la jerarquización requerida por la división del trabajo, inherente a toda sociedad, y así adapta a cada ser humano ya no ambientalmente, sino, socialmente, a determinada función o tarea dentro del grupo.

Se dice que las posibilidades latentes y potenciales, actuales y futuras de una persona están predeterminadas, condicionadas y son dadas, por la herencia contenida en la clave genética, que está en sus cromosomas. Se dice que la plena manifestación de esas posibilidades está condicionada por facilidades o dificultades que encuentre cada persona en el medio social y en el medio ambiente. Siendo el ser humano un ser social por excelencia, la Hipófisis, representando, como órgano multicelular, como se verá más adelante, a la clave genética, representando a la voluntad del "Destino", es, según las ideas de los antiguos, el Dios que vela para que ese destino se cumpla, produciendo el interjuego glandular necesario, para que cada persona o grupo de personas tenga una función social definida.

Al principio de esta obra, se dijo que los órganos humanos, son una proyección multicelular de los orgánulos de una célula: la cabeza humana y el cerebro son las proyecciones multicelulares del núcleo; el cuerpo humano, es proyección "del cuerpo celular"; la hipófisis es, seguramente, la proyección multicelular de los cromosomas, y como tal, representa a la clave genética. Siguiendo la idea, vemos que la existencia de cada ser humano, junto con sus características distintivas, estaría condicionada tanto por la "voluntad de la Clave Genética, representada por la Hipófisis, como por las necesidades de la vida en sociedad. Siguiendo a los antiguos, Zeus, la glándula Hipófisis, suscita a los guerreros y a los sabios, o enaltece al hombre oscuro y anonada al fuerte, por lo cual se ve que el mecanismo anteriormente señalado, no es fijo, estático, ni ciego, sino que dicha glándula, dentro de ciertos límites, puede producir y provocar todos los cambios hormonales necesarios, para adaptar a las gentes a un lugar social distinto, según las circunstancias y necesidades de los grupos humanos.

La Hipófisis, como hemos dicho representa A la Clave Genética. Si se sabe que dicha clave, una vez producida una determinada combinación, es más o menos rígida e inalterable, en el caso de la necesidad de adaptaciones, que surgieran durante una vida individual, esa clave genética estaría imposibilitada para producir cualquier cambio adaptativo. Debe ser por ello que, la Hipófisis, como órgano multicelular, que repetimos, representa a la "voluntad de la herencia genética", el destino, de los griegos, tiene la capacidad de producir los cambio que "re-crean" las posibilidades y capacidades humanas.

¿Cómo, variando el juego glandular, podría la Hipófisis adaptar o readaptar socialmente al individuo?: Se puede decir que la función social de una persona o sus posibilidades actuales dentro de la sociedad están condicionadas por: "Su salud, por capacidad mental y emocional; por su preparación; por su capacidad de adaptación y de soportar el estrés; por su capacidad sociable; por su capacidad económica o financiera y/o política; y por su capacidad de trabajo". Y si como decíamos, la Hipófisis puede influir sobre el trabajo glandular directamente, y sobre el desarrollo cerebral indirectamente y, si como veremos más adelante, Apolo, los Testículos, determina el lugar social; Venus, la glándula Tiroides, preside la sociabilidad; Mercurio, las glándulas paratiroides, impulsa a las actividades políticas y económicas; Marte, las glándulas suprarrenales, soportan la capacidad de trabajo, esfuerzo y lucha y Minerva, el lóbulo frontal del cerebro, y las Musas, zonas cerebrales de la memoria y del intelecto, dan la capacidad intelectual, vemos por qué es posible que, la Hipófisis, variando éstos y otros factores, puede dar a la persona su lugar social.

De esta manera, podría pensarse en un tipo fisiológico de desarrollo testicular, o suprarrenal, o un desarrollo tiroideo, o paratiroideo, etc. según la o las glándulas más influyentes o preponderantes en una persona. Ya veremos que, seguramente, estos factores son los que llevaron a las ideas encerradas en la astrología; a decir que se nace bajo la influencia de un astro o dios, que más bien sería de una glándula o zona cerebral.

Más adelante veremos, que a pesar de que Zeus es un dios soberano, siempre se inclina ante el Destino, que como ya dijimos, para los griegos era la clave genética o genoma humano.

g).- Zeus Institutor de las leyes y del Estado. Se decía también que Zeus da a las sociedades las leyes en que descansan. Lo que implica que la Hipófisis inspira dichas leyes. Recordemos que Zeus se une a Temis, la Justicia, que representa al Orden físico y moral. En este segundo aspecto, esta Divinidad es madre de Astréa, la equidad de la ley, y de Irene, la Paz. Tanto Metis, la Meditación, como Temis y como Mnemosina, la Memoria, son zonas de la corteza cerebral. Esto implica que conforme los grupos humanos se volvieron sedentarios y empezaron a producir la civilización y la cultura, la hipófisis, influyendo sobre determinadas zonas cerebrales, "suscitó" gentes con determinada capacidad mental e iniciativa, capaces de desarrollar los incipientes sistemas de leyes, necesarias para el orden y la paz social, hasta llegar a los elaborados códigos legales de la actualidad, junto con el gran aparato ejecutivo, legislativo y judicial que implican.

h).- Zeus es cabeza del estado. Júpiter Rex, Rey, le llamaban también. Homero dice que los reyes son lugartenientes del soberano del cielo.

Todas las "Sociedades" animales y humanas tienen necesidad de un jefe. Este jefe gobierna, coordina, dirige y defiende al grupo. Conforme el hombre avanzó por el camino de la civilización y de la cultura, y las sociedades humanas crecieron en grupos cada vez más grandes, hubo la necesidad de un "órgano de gobierno social". Las instituciones humanas, como ya dijimos, son proyección "social" de los órganos del cuerpo humano. El gobierno es la proyección de la cabeza. El Caudillo, El Faraón, El César, El Rey, el Líder, el Presidente, El Czar, el Emperador, el Khan, son la proyección social de la Hipófisis, junto con los órganos judiciales y legislativos. El estado, es la proyección de todo el cuerpo, bajo el control de un gobierno.

Si los gobernantes, son representantes de la Hipófisis, toca a éstos, como dice el poeta, guardar y ser fieles custodios de la ley y la justicia. Cuando no es así, toca a la Hipófisis castigar a los gobernantes y a los gobernados. ¿Cómo realiza esto la Hipófisis? ¿Con las revoluciones?

La idea de los gobernantes, y la de todos los políticos en general, ha sido considerar como de su propiedad personal y exclusiva, a las sociedades que gobiernan y a los bienes que éstas producen y obtienen, tanto económicos como territoriales. Por otro lado, ya vimos que esta mitología señala que el hombre fue castigado, con los males que escaparon de la caja de Pandora. Por estos males reina la corrupción y la injusticia en la adultez humana. Todos los actos humanos, teniendo como base la satisfacción de una necesidad vital, se realizan generalmente en forma "antinatural y antihumana". Los políticos acuden, para triunfar y sostenerse, a la demagogia, al engaño, al fraude, a la mentira, a la corrupción, a la violencia, al robo, al pillaje o despojo, llamándolo: "conquista", a la confiscación de bienes, al abuso de autoridad, al cohecho, al peculado y en último caso al crimen. Pero su falla más grande es creer, como señalamos al principio, que son dueños del grupo social y cuento éste posee; cuando la naturaleza nos enseña, por medio de las sociedades animales, que la situación debe ser al revés. Si bien el dirigente tiene derechos y privilegios especiales, debido a que representa a la autoridad y el orden en la sociedad, y esa autoridad la hace sentir siempre en una forma u otra, también es cierto que su función debe estar totalmente supeditada al bienestar y seguridad general, pagando con su vida o con la pérdida del cargo, cualquier falla grave que ponga en peligro al grupo que encabeza. Podemos concluir que en último caso, el grupo es el "dueño o patrón" del dirigente. Que Zeus castigue por igual a súbditos y gobernantes es "obvio". ¿Cómo puede exigir un pueblo que su gobierno sea justo y honrado cuando, siempre, la corrupción de un gobierno, es reflejo de la corrupción de las mayorías?

i).- Por otro lado se dice que Zeus es el protector del hogar y del jefe de familia. Es este sentido no solo es el jefe de familia, el que representa a la Hipófisis, en el hogar, sino que todo jefe, en todas las jerarquías, políticas, civiles, militares, religiosas, profesionales y comerciales que existen en la sociedad, representa a dicho órgano.

j).- Otro gran atributo social de Zeus, es el de ser el institutor, el fundador, de la religiones.

Dijimos ya que religión significa: re-ligar, re-atar, re-lacionar o re-enlazar. Ahora podemos ver, por lo ya señalado, y por todo lo que señalaremos en adelante, que por medio de la religión el ser humano se "re-liga, se re-ata, se re-laciona, en fin se enlaza" a los órganos y procesos biológicos de su cuerpo, a los cuales "natural y forzosamente ya está ligado". ¿Por qué se religa a ellos? se podría decir que por conveniencia individual y por conveniencia social:

Por conveniencia individual: teniendo que satisfacer sus necesidades vitales dentro de un medio ambiente cambiante, difícil, variable, inseguro, hostil, agresivo, la religión le enseña a pedir ayuda especial a sus órganos o dioses y/o al dios principal "jefe de éstos". Esta ayuda que implora, que espera, seguramente se logra, principalmente por medio de mecanismos de sugestión o autosugestión, los cuales al influir inconscientemente sobre la mentalidad y los procesos fisiológicos y psicológicos, provocan los cambios y ajustes necesarios para alcanzar la solución de un problema o la adaptación necesaria a circunstancias especiales. Para que estos mecanismos actúen se requiere la fe, que es la creencia y la confianza absoluta, sin vacilación, de que el cambio va a suceder.

Por conveniencia social, porque teniendo que vivir el ser humano dentro de un grupo, todas las necesidades de su vida las debe satisfacer dentro del marco de la vida social. Para lo cual la religión le presta auxilio orientador, lo enseña a "Religarse" con sus procesos biológicos. Como la rivalidad ( rival es el que bebe en el mismo río), es la tónica que determina las relaciones de los seres vivos, en perpetuo estado de competencia, en la lucha por sobrevivir, el ser humano, guiado por la razón y la religión, puede actuar para sí mismo o para los demás de manera conveniente o inconveniente, correcta o erróneamente, benéfica o lesivamente, "bien o mal", entonces la religión, con sus reglas morales, le ayuda a convivir "humanamente", dentro del marco de la máxima liberación de la conducta instintiva, que facilita todas las posibilidades de adaptación, a la diversidad de climas, zonas terrestres y circunstancias concomitantes.

Debemos aclarar que la realización "instintiva" de una necesidad vital, presupone, que en los centros nerviosos existan, desde el momento de nacer, "circuitos de conexiones neuronales", que obligan a actuar con una pauta fija de conducta, para satisfacer dicha necesidad. Conforme han evolucionado las especies, esta conducta más o menos fija, deja lugar, cada vez más, a la adaptación, dentro de un ambiente variable, por medio del aprendizaje. Pero de cualquier manera, cierta conducta instintiva prevalece siempre en forma de impulso inicial para satisfacer las necesidades. El hombre debe poseer "limitados circuitos instintivos" en su cerebro, que, al nacer, le sirven para manifestar que tiene hambre y necesidad de cuidado. Estos circuitos no le servirían para sobrevivir solo, por mucho tiempo. A cambio de esto debe recibir un máximo cuidado o crianza y pasar por una larga etapa de aprendizaje, la más larga que requiere un ser vivo. Esta "Casi" carencia de instintos le permite adaptarse a las circunstancias más variables y a las condiciones sociales que lo rodean. Pero para guiarse en la satisfacción de las necesidades vitales requiere de normas de acción, de conducta, morales o éticas o como se les quiera llamar, puesto que el hombre no está "hecho" para sobrevivir guiado únicamente por los instintos, sino que su conducta debe estar bajo la razón por medio de la voluntad. Los "instintos desordenados, los instintos malos", la "sociopatía", no son más que las necesidades vitales no controladas adecuadamente, o manifestadas erróneamente o insatisfechas: y desembocan en desordenes de carácter, conducta impulsiva, adicciones, etc. Para controlar y ordenar y someter a esos impulsos insatisfechos y a veces patológicos, es necesario buscar caminos sanos, que permitan obtener o equilibrar lo que las necesidades demandan. Para el ser humano, de acuerdo con su tendencia a vivir sin respetar a los demás, con su tendencia al egoísmo y a la injusticia, más que liberación de su conducta, generalmente es necesario un mayor control de sí mismo y una mejor adaptación a la vida en sociedad.

La satisfacción errónea de las necesidades, o Mala Conducta, causa daños al que así actúa y a los demás. Al que así actúa, porque con sus actos equivocados, por medio del uso excesivo o defectuoso de los órganos que intervienen en cada pauta de conducta, se causan daños físicos y morales. Los daños físicos provienen del excesivo metabolismo de sus órganos, y por los cambios, que ese exceso provoca, en los grupos enzimáticos que intervienen en todas las funciones orgánicas. Todo esto lo se detallará más al hablar de los "muertos", y de los premios y castigos que merecen, en esta mitología, y en todos los demás sistemas religiosos.

El daño moral, proviene del hecho, de que el ser humano ha sido diseñado para vivir en sociedad. Por esto, durante su crianza, en todo individuo se forma una "conciencia moral", el superego del psicoanálisis, que al ser "ofendido", produce una tensión psíquica, más o menos molesta e insufrible para el trasgresor. Los sentimientos de culpa o remordimientos, la psicología actual los señala como miedo al castigo, la negación de los actos equivocados o erróneos, el "enterrarlos" en el "inconsciente", puede causar desde ligeros hasta severos estados de neurosis, o por otro lado, la culpabilidad, y negación de ella, da lugar a seres humanos muy rebeldes, con leve a severa conducta sociópata, en cualquier nivel social.

El daño que se hace a los "otros" cuando se actúa erróneamente, trae la secuela de odios, resentimientos, venganzas, crímenes, injusticias etc., que tanto dañan a la vida social.

Todo esto se dice en cuanto que ZEUS, la Hipófisis anterior, como cabeza de la religión, persigue a los culpables, aunque tiene abierto el corazón al perdón. ¿Cómo podría la Hipófisis realizar estas acciones? Posiblemente "conmoviendo a Némesis" o "la conciencia moral", o el superego o superyó de la psicología o, más bien dicho, del psicoanálisis. El Genio de Freud dijo algo que cabe aquí citar: La conciencia moral o suprego, es aquella parte de la mente que se disuelve en "Alcohol". Y ya que esto es así, queda patente el daño que produce el alcoholimo en una sociedad. De esta conciencia moral se ha dicho:

Arriba del Cielo hay un Ojo que te mira; un Oído que te escucha y un Dedo que te acusa.

Los sacerdotes, los jefes de las distintas religiones, el Papa, el Lama, los Patriarcas, los Brahmanes etc., representan a la hipófisis ante la sociedad, en este aspecto religioso y moral.

k ).-Hebe, la doncella que en el Olimpo sirve la sagrada copa de los inmortales, la que lava los vestidos de sus hermanos, la que prepara el carro de Hera; la que es la alegría del Olimpo y diosa de la Juventud, podría simbolizar a alguna hormona, que facilitando la circulación, hace llegar el "alimento" a las glándulas y a los centros cerebrales, retira los "productos de desecho", lavando así las vestiduras de sus hermanos; promueve la circulación, conveniente para la incorporación del "carro hormonal" de Hera, y en general da, por todo lo anteriormente citado, soporte al carácter alegre y "jovial": de Jove, Júpiter. Esta hormona podría ser la Kalicreína, que parece que es producida por el páncreas. Dicha hormona produce y favorece, en general, una "buena circulación", y de allí su nombre, en griego. En particular promueve la circulación del eje Hipofisario-hipotalámico, centros de máxima producción hormonal.

l).- El águila de Zeus, puede ser la representación simbólica del "Hueso Esfenoides", que tiene la forma de una ave con las alas desplegadas, y sostiene a la silla turca en donde Zeus tiene su trono. Por su importancia simbólica citamos lo que dice la anatomía, sobre este hueso: "El esfenoides, es un hueso irregular, colocado en la parte media y anterior de la base del cráneo. De su cuerpo hacia los lados se proyectan cuatro apófisis, distribuidas por pares, "llamadas pequeñas y grandes aletas". Tiene cavidades que son los senos del esfenoides. La parte alta del cuerpo esfenoidal, tiene una fosa con eminencias anteriores y posteriores, a este conjunto se le llama "silla turca", sitio en que se aloja la "glándula hipófisis", antiguamente llamada pituitaria".

m).- Al ser raptado Ganimedes, es colocado en el cielo como la constelación de acuario, asume las funciones de Hebe, quedando, ésta, solamente al servicio de Hera. Las constelaciones son, como veremos, centros y zonas cerebrales medios e inferiores. Acuario, el copero al servicio de los dioses, debe ser la alegoría del centro hipotalámico productor de hormonas, que son almacenadas por la neurohipófisis, Hera. Es posible también que Hebe y Ganímedes representen a los núcleos supraópticos, a los núcleos paraventriculares, y al quiasma óptico, situados en la comisura anterior del tercer ventrículo. Estos centros son intermediarios entre el hipotálamo y la hipófisis.

## 5.18.- Hera. Juno en Roma.

Hera es a la vez el ideal de la mujer y la reina del cielo. Hermana de Zeus, por ser hija de Saturno, es a la vez su esposa.

La mayor parte de los atributos del soberano del Cielo los comparte la diosa, aunque en menor grado. Ejerce la misma acción en los fenómenos celestes. Como su esposo, Hera hace retumbar el trueno en las alturas del Éter. Por medio del Bóreo desencadena los vientos impetuosos que trastornan el Mar y, al igual que Zeus, tuvo por primitivos santuarios las cumbres de las montañas, donde se amontonan las nubes cargadas de lluvias y caen copiosas tormentas. "Soberana del Cielo", ejerce su autoridad sobre los astros que lo adornan y recorren y, aunque inferior al dios, participa de su autoridad. Se sienta junto a él en dorado trono, y cuando entra en el Olimpo, los dioses se ponen de pie y le hacen sumiso acatamiento.

Para los griegos, lo mismo que para los romanos, fue ante todo el modelo divino de la mujer, el prototipo de la esposa. Por esto preside las uniones legítimas y, santifica la solemnidad nupcial. Como consecuencia vela sobre los frutos de los enlaces legítimos. Su protección se extendía a la vida entera de la mujer, quien veía en ella celestial modelo.

Hera ampara a las madres en las angustias del parto; a su hija Ilytia, se le veneraba en Grecia como a su principal ministro en este trance.

Los monumentos griegos han conservado la siguiente plegaria, y una acción de gracias a iliria, que dicen así:

"Otra vez, Ilytia, a la voz de Licenis que te llama, acude pronta y benévola, y procúrale un parto dichoso; por una hija te tributa hoy esta ofrenda; más por un hijo, este templo la recibiría mucho mayor".

"Ambrosia, que ha salido con bien de crueles dolores, viene, Ilytia, después de su parto, a ofrecer a tus pies gloriosos las cintas de sus cabellos y el velo en que, después de diez meses de embarazo, parió unos gemelos".

Iris, mensajera de los dioses, estaba consagrada al servicio de Hera. Se le llamaba también en Roma Clara Dea. Vuela como el viento al soplo de la tempestad. Rápida como el granizo al caer del cielo a la tierra, en el camino que recorre quedan pintados los colores del arco celeste. Pone en comunicación la morada del hombre con la divina, y la Teogonía dice que se desliza por las olas para llenar el dorado jarro, que lleva en la mano, en "la Laguna Estigia".

Juno Regina, Reina, protectora de las ciudades y de las Matronas, gozaba en Roma de igual veneración que en Grecia. Como se dijo, estaba en el Capitolio una estatua de ella junto a Júpiter y Minerva. Como Juno Lucina, amparo de las mujeres en el parto, tenía un templo y un culto especial. Se le señalaba también como protectora de los Imperios.

Interpretación:

a).- A Hera la identificamos con la neurohipófisis o lóbulo posterior hipofisiario, por el hecho de estar sentada en el trono, gobernando al Universo, junto con su hermano y esposo, Zeus. El trono es el símbolo del hueso llamado así, por su forma, silla turca, en donde están asentadas la Adenohipófisis y la Neurohipófisis.

b).- Como su esposo, Hera hace retumbar el trueno, y ejerce la misma acción en los fenómenos celestes, aunque en menor grado. Lo que significa que por mecanismos hormonales, la Neurohipófisis debe también influir sobre la actividad cerebral.

c).- Por medio del Bóreo, desencadena los vientos impetuosos que trastornan al mar. Como los vientos simbolizan a la respiración normal o anormal, puede pensarse que esta acción de Hera, implica que la Neurohipófisis obrando sobre el nervio pneumogástrico, puede desencadenar una respiración impetuosa, que trastorne a la circulación sanguínea, El Mar.

d).- Para los griegos y romanos, Hera o Juno representaba el modelo de la mujer como esposa, y la unión de ésta con Zeus o Júpiter era el prototipo del matrimonio humano. Entre las glándulas, varias son señaladas, en la mitología, como mujeres: Venus, la diosa de la belleza y del amor; Ceres, la diosa de la tierra y de la producción agrícola; Diana, la diosa de la caza y de los bosques; Minerva, la diosa de la inteligencia y de las invenciones; etc.

De todas estas glándulas, Hera es señalada como el prototipo de la mujer, y recordemos que Zeus es señalado como el Sol y la Luna. El Sol es la adenohipófisis o Zeus en sí, la Luna es la neurohipófisis o Hera en sí. Aquí tenemos que aclarar más sobre la simbología del Sol y de la Luna, en estas y en casi todas las mitologías: el Sol es el símbolo del hombre; es el símbolo de la Adenohipófisis; es el símbolo de la cara o rostro masculino y es el símbolo de los Testículos. La luna es el símbolo de la mujer; es el símbolo de la Neurohipófisis; es el símbolo del rostro femenino y es el símbolo de los Ovarios, junto con el útero.

e).- En Grecia se decía que Hera presidía los partos, por medio de su hija ILYTIA En Roma había un templo dedicado a Juno Lucina: la que hace, o ayuda, a dar a luz.

La Neurohipófisis, produce la hormona Oxitocina, en el momento del parto, la cual ejerce su acción sobre las fibras musculares lisas del útero o matriz, provocando la contracción de éstas. Si esta hormona no está presente, en cantidades adecuadas, en el momento del parto, el alumbramiento no se puede realizar. En la actualidad, cuando esto sucede, o se inyecta Oxitocina o se recurre a la operación cesárea, o la partera se sienta y presiona en el vientre de la parturienta. No estando los dos primeros medios, al alcance de los antiguos, sólo les quedaba implorar a Hera, Juno Lucina, para que actuara favorablemente, y protegiera a las mujeres a punto de dar a luz. Ilytia es la personificación de la "Oxitocina".

Más sobre la Oxitocina: "Por muchísimos años, solamente se le señaló, a la oxitocina, la acción que ejerce sobre el útero durante la gestación. Esa acción varía de acuerdo con el ciclo estral o menstrual; de acuerdo con el tiempo de preñez y en el momento del parto. Más adelante, aparte de estas actividades, se le señaló un papel en la salida y producción de la leche, por esta tarea y por la que ejerce sobre el útero y otras que se van a ver, bien puede llamársele a este órgano: Madre del Género Humano.

Los estudios endocrinológicos modernos, han encontrado una cantidad extraordinaria de información acerca de la Oxitocina. Se ha hallado que esta hormona está relacionada con la modulación de la actividad sexual, con el dolor y con el comportamiento. Además, se ha descubierto que los órganos sobre los que actúa, no son solamente el útero y las glándulas mamarias, sino también el timo, el páncreas y el cerebro mismo.

A).- En cuanto al amamantamiento, se ha constatado lo que se sabía desde hace mucho, que el ruido, el nerviosismo, el apresuramiento, provocan una reducción a la respuesta de Oxitocina en las glándulas mamarias. Esta respuesta es causada por la respuesta al "ACTH" producido por el estrés, La ingestión de alcohol inhibe también la respuesta a la Oxitocina.

B).- El útero preñado ha sido señalado como blanco de acción de la Oxitocina. Hay receptores para la Oxitocina que aumentan durante el embarazo, y se establece una conexión de la progesterona y los estrógenos en esta etapa. Los receptores aumentan también, aunque en menor cantidad, durante el ciclo final, al final de la fase lútea, lo que demuestra acción de la hormona en la contractilidad del útero en la menstruación.

C).- Parece ser que se produce Oxitocina en células granulosas y del cuerpo lúteo. Aunque no hay seguridad, hay indicios de que participa en la fecundación y desarrollo embrionario.

También es posible que se produzca Oxitocina en el testículo, interviniendo en la génesis de los esteroides (hormonas sexuales).

D).- Para que la Oxitocina actúe en diferentes niveles, es necesario que el cuerpo la reconozca como propia, a través del sistema inmunológico. Esto se logra por la existencia de Oxitocina en el timo. Esto favorece la tolerancia inmunológica. Es posible que ciertos problemas postparto, resulten de una producción exagerada de esta hormona.

E).- La Oxitocina puede actuar sobre el nivel del azúcar en la sangre, estimulando a las células alfa del páncreas, para producir glucagón, antagonista de la insulina. También provoca la liberación de glucosa del hígado, por acción directa. Esta hormona aumenta cuando hay un nivel bajo de azúcar en la sangre.

F).-Se han convertido en el área de máximo interés fisiológico, los efectos de la Oxitocina sobre el cerebro, en conductas relacionadas con la actividad sexual y comportamiento en general. El establecimiento de conductas, producidas por la neurotransmisión de Oxitocina en el cerebro, es una de las tareas presentes en la neuroendocrinología actual. Hay una fuerte relación, entre la distribución neuroanatómica de esta hormona y los efectos y pautas conductuales que impulsa.

En todas las especies, hay coincidencia en la facilitación de comportamientos sociales, filiativos o de protección y cuidado de los hijos, paternidad, búsqueda de pareja y formación de lazos de pareja. Todos estos efectos requieren de la exposición previa a esteroides que son moduladores de oxitocina.

En el humano, esta hormona se ha relacionado con sentimientos vinculados al orgasmo. Se sugiere que los cambios relacionados con la conducta sexual se deben a la Oxitocina. En ratas, conejos y monos, la inyección de esta sustancia produce fuertes erecciones, en el hombre los resultados no son tan marcados. En caso de estrés traumático, la Oxitocina reduce la fatiga, los sentimientos de ira y ansiedad, produciendo vigor. Se hacen estudios sobre su posible papel en la mejoría de la depresión. Se ha discutido la acción de la Oxitocina sobre el aprendizaje y la memoria. Algunos estudios indican que la Oxitocina interfiere con las funciones receptivas del dolor, diluyendo la memoria del dolor en hembras animales y humanas que dan a luz. Es posible que los anticonceptivos orales afecten la función mental en la mujer, pues la Oxitocina aumenta con su ingestión. Últimamente se ha llamado a la Oxitocina la hormona de la afectividad y del olvido, o más bien del perdón.

Estas acciones y respuestas a la Oxitocina, refuerzan la interpretación, en el sentido de que la neurohipófisis tiene un papel preponderante en el funcionamiento del cerebro, su papel es como el de Zeus o Júpiter, el divino soberano, su esposo, aunque parece ser que influye en otras funciones cerebrales: en las zonas de la afectividad, del dolor y del olvido.

Tiene fuerte influencia sobre Testículos y Ovarios. Papel en que se asemeja a la acción de APOLO, los Testículos, y de Diana, los Ovarios. Con la salvedad de que su acción lleva a la unión por amor, a la responsabilidad paterna o viceversa, a la paternidad responsable, por así decirlo. Este papel también se parece y se traslapa con el de Afrodita o Venus, la Tiroides, como diosa de la unión de la pareja, solamente con una salvedad: venus únicamente impulsa hacía a pareja al amor sexual, en tanto que Hera o Juno es la diosa del matrimonio y bendice a las uniones y a los hijos legítimos. En este papel actuaría junto con Venus para promover el "amor celeste". Esto quedará claro cuando se llegue a Venus.

El dolor es algo con lo que la oxitocina está ligada, y ya veremos su significado cuando se haga el análisis del cristianismo, en el cual esa pasión tiene un gran significado.

f).- Juno en Roma, era protectora de las ciudades y del Imperio. Lo que quiere decir que la Neurohipófisis participa, junto con la Adenohipófisis, del impulso que ejerce ésta para que los hombres vivan bajo un gobierno. Lo anterior indica que influye también para satisfacer esta necesidad humana de gobierno y de control.

g).- La Neurohipófisis produce dos hormonas: La Oxitocina ya citada, además la hormona Antidiurética. Esta hormona actúa sobre los túbulos del riñón y regula la concentración de la orina, lo cual contribuye al balance de los líquidos del organismo. Este mecanismo tiene una conexión importante con la sed. Iris puede ser esta hormona, puesto que viaja velozmente sobre las olas, la circulación, y llena, en la laguna Estigia, la "Vejiga Urinaria", como veremos después, el "jarro de oro" que lleva en las manos. Esto significaría que "retira orina", símbolo claro de la hormona citada, llamada antidiurética porque actúa concentrando y reduciendo la producción de orina.

## 5.28.- Hermes. Mercurio en Roma.

Hermes es el último hijo de Zeus. Maya, hija del Titán Atlas es su madre. Dios de variados semblantes, de múltiples atribuciones y numerosas aptitudes, demuestra sus inclinaciones desde que nace. La primera fue apoderarse con maña y destreza de la propiedad ajena. "Apenas salido del seno materno, dice Homero en un himno dedicado al dios, Hermes salta de la cama, sale veloz de la caverna en que naciera y va en pos de los rebaños de Apolo. Acababa de hundirse el sol en el océano, cuando el niño llegó a los montes Pereia. A toda prisa, separa cincuenta novillas del hato, y las conduce, haciéndolas caminar hacia atrás, hasta las orillas del río Alfeo. Las hace andar un buen trecho por el agua y finalmente las encierra en profunda cueva. Regresa a la cumbre del Cyleno, penetra en su vivienda por el ojo de la cerradura, y acostándose en su cuna se envuelve en pañales. Como recién nacido. Su divina madre que había observado la escapada le habló así:

-Niño atrevido y astuto ¿de dónde vienes en noche tan oscura? Mucho temo que el poderoso hijo de Leto te cargue de pesadas cadenas, al darse cuenta de tus latrocinios.

-Madre, contestó el hijo ¿Por qué queréis infundirme miedo? Para mi gloria y para la vuestra, he de continuar ejerciendo este arte.

Una vez que nace el nuevo día, Apolo se da cuenta del hurto y cómo augur y profeta, adivina quién fue el causante al observar el vuelo de un ave. Rápido se dirige a la cuna del monte Cyleno, y en la sombría cueva descubre su penetrante mirada al ladronzuelo, a quien dice:

-Niño que en esa cuna reposas, dime al momento donde están mis novillas; de otro modo nacería entre nosotros funestas contienda y por mi mano serías precipitado al Tártaro.

-Hijo de Leto, contestóle Hermes, ¿Por qué usas conmigo lenguaje tan altivo? ¿Cómo vienes aquí en busca de tus novillas? Jamás las he visto; por primera vez oigo mentarlas, y por lo mismo no está en mi mano, señalándote al ladrón, recibir la recompensa que sin duda otorgarás a quien facilite su hallazgo. Ya lo ves, no tengo yo el aspecto ni la fuerza de un hombre capaz de sustraer ganado; otros asuntos me reclaman y muy pronto ejerceré mi oficio. En este momento lo que más necesito es el dulce sueño, la leche materna, los pañales que me abriguen y los baños de agua tibia. Por ello, pues, obrarás bien procurando que quede al abrigo de tu sospecha. ¡Habrase visto! ¡Un niño recién nacido robar novillas! No se habrían de sorprender poco los inmortales y te tendrían por loco. Nacido ayer, las piedras del camino habrían deshecho mis piecitos descalzos; pero si aún esto no basta, pronunciaré terrible juramento: Por la cabeza de mi augusto padre juraré que ignoro quién es el que ha robado tus novillas y que tú has sido el primero en darme noticias del suceso.

Ni con tales razones se convenció Apolo, y tomando al rapaz en brazos lo llevó al tribunal de Zeus, quien después de reírse de la travesura de su mañoso hijo, le dio orden de guiar a Apolo al lugar donde estaban las novillas.

Durante el hurto, antes de llegar a la cueva en donde escondió al ganado, Hermes había apartado dos novillas de las más gordas, encendió fuego de laurel, destazó a las vacas y las preparó para ofrecer un sacrificio. Al notar Apolo la falta de dos terneras, inquirió sobre éstas, y Hermes sonriendo astutamente le dijo: Serás capaz de negar dos vacas para ser ofrecidas en honor de los doce dioses. Apolo, sospechando una nueva treta le dice:

-¿Cómo doce dioses? Hermes, señalándose a sí mismo; dijo socarronamente: Yo soy el doceavo.

El hurto no había sido observado más que por el anciano Bato. Temiendo Hermes sus revelaciones, y llamándolo con amistoso gesto le dice:

-Quien quiera que seas extranjero, si te preguntan por estas cabezas de ganado contesta que no las has visto. Por el favor que me prestarás con ello, toma esta soberbia novilla.

-Puedes marchar sin cuidado, no temas que descubra tu latrocinio. Primero hablaría esta piedra, y señaló una que estaba cerca. Hace el dios como que se aleja, pero vuelve en breve, con otra voz y nuevo semblante:

-Buen hombre, pregunta, ¿Has visto unas novillas que andaban sueltas por estos campos? Ayúdame a descubrir el hurto de que he sido víctima y te daré en pago una ternera y un toro. Movido el viejo por la perspectiva de doble ganancia, contestó:

-Detrás de esos montes las hallarás todas. ¡Pérfido! Exclamó el nieto de Atlas ¿De éste modo me vendes? Y transformó al viejo en "dura piedra".

La lira, inventada por Hermes, no estuvo mucho tiempo en su poder. Mientras Apolo cuenta sus novillas, para calmar la cólera que su ceño descubría, pulsa el hijo de Maya el instrumento, arrancándole suaves melodías. Lleno de gozo, Febo sonríe, los gratos sonidos de aquella melodía arroban sus sentidos, en tanto la escucha enajenado, siente que se apoderan de él gratos sentimientos. El dios del canto, el jefe del coro de las Musas, siente envidia de Hermes, y éste sin esperar un ruego, pone la lira en manos de Apolo en señal de reconciliación. Febo por su parte le da el cayado que usará en sus funciones de pastor y encarga a Hermes el cuidado de las novillas. En adelante nadie, entre los inmortales, ejercerá tanto imperio sobre el corazón de Apolo, como el hijo de Maya, y tampoco Hermes, tendrá mejor amigo que el hijo de Leto.

El nombre de Hermes, según unos significa piedra, y según otros mensajero. Mercurio proviene de las palabras latinas:

Merx, Mercare, Mercator, que significan mercancía, comprar, y comerciante. Comerciante viene a su vez de comercare, comerciar, comprar y vender.

Este dios tenía variadas manifestaciones y atributos: Era dios de los pastores, de las riquezas, de los políticos, de los rateros y de los comerciantes. Fue inventor de la lira, del alfabeto, de los números y de la geometría. Descubrió el fuego, formuló los sacrificios y los ritos divinos, e instituyó los Misterios. Este ser atrae al crepúsculo y anuncia la aurora. Es autor de los sueños.

Hermes es el heraldo de los dioses; embajador y plenipotenciario divino. Los hombres ponían bajo su amparo los tratados comerciales, de paz y de alianza. Preside la facultad de la expresión clara, elocuente, elegante y pulida; da el don supremo de la persuasión y a él se le invocaba para adquirir los dones de la memoria y la dicción escogida. Es el dios Karidotes, porque otorga las Gracias.

Contaban que Zeus complacido por la astucia y la frivolidad de su último hijo, le ofreció darle un cargo en el Olimpo:

-Hazme el mensajero divino, dijo Hermes. Yo te prometo no tocar lo ajeno ni decir mentiras, pero tú debes darme el ejemplo haciendo otro tanto.

-Es mucho pedir, pero todo te lo otorgo, dijo Zeus. Tú serás el mensajero de los dioses; presidirás los tratados, lo mismo públicos que privados; fomentarás el comercio; custodiarás los caminos y serás el amparo de los viajeros en todo el mundo. En señal de estos oficios le dio un bastón con cintas, para que todo el mundo lo respetara; un sombrero de anchas alas para protegerse de las lluvias y unas sandalias con alas, par que caminara más rápido que el viento.

Ingresó a la familia divina. Los dioses le enseñaron a producir fuego frotando dos maderos. Las ninfas lo enseñaron a adivinar con el juego y rejuego de las matatenas. Él, por su cuenta, inventó el juego de las tabas y de los dados. Hades a su vez le dio cargo también: Tenía que ir a anunciar a los que estaban cercanos a morir, y después conducir sus almas al infierno. Inventó también este dios la astronomía; la escala musical; el arte del pugilato y en general los juegos deportivos, y las pesas y medidas.

Hermes Trismegisto (tres veces grande) parece que fue una versión del dios egipcio Thot, el "Muy Grande". A él se atribuyen la invención del alfabeto, la magia en general, algunos modos de adivinar y también filosofías ocultas.

Como dios de los políticos de los rateros y de los comerciantes, inspira la demagogia, da la sangre fría, habilidad y rapidez en manos y pies, y favorece el lucro y la ganancia. Este dios es dispensador de bienes; de él proceden favores y beneficios y así fue como llegó a ser el dios de las ganancias cualquiera que fuera su procedencia.

Era protector de las escuelas y de los maestros. Cuantos tenían por oficio escribir le dedicaban los instrumentos que para ello le servían. En una dedicatoria se lee: "Un disco de plomo para trazar líneas, una regla que asegura su rectitud, vasos de tinta negra para escribir, cálamos con la punta hendida y bien dispuesta, la dura piedra que aguza al embotado estilo y le devuelve la perdida sutileza, el cuchillo con que se labra, todos estos útiles de su oficio te los consagra Menedemo, oh Hermes, en razón que los años le han puesto una nube delante de los ojos, tu dios benéfico no dejes perecer de hambre a tu servidor."

Dios de la palabra y de la elocuencia, los oradores, entre ellos Demóstenes lo tenía como su protector y a él se invocaba en la siguiente oración: "Hijo querido de Maya y de Zeus, dios viajero, heraldo de los dioses, dotado de gran corazón, severo censor de los hombres, prudente dios de infinitas semblanzas, matador de argos, dios de alados talones, amparo de los mortales, patrón de la elocuencia, que gustas del engaño y de la lucha, interprete de las lenguas todas, amigo de la paz, dios felicísimo, dios utilísimo que presides a los trabajos y necesidades humanas, inspirador generosos de conceptos y expresiones, oye mis ruegos, concede a mi existencia un fin tranquilo y otorga a mi mente memoria y buen decir a mis labios".

Como dios del comercio preside las relaciones pacíficas y los lazos sociales que favorecen a las transacciones económicas.

Como protector de la propiedad custodiaba las lindes y fronteras; además, protegía y guiaba a los viajeros y cuidaba a los caminos. En las encrucijadas de los campos y de las ciudades, se veían postes de madera o de piedra sosteniendo, en los tiempos primitivos, un montón de tres o cuatro piedras y en los últimos tiempos tres o cuatro cabezas del dios.

Su distintivo era el caduceo, la vara o cayado que le dio Apolo, a la cual están enrolladas dos serpientes que fueron puesta en paz por Hermes, al aventar la vara entre ellas un día que se estaban peleando. Esta vara símbolo de la salud, dotada de maravillosos poderes, convierte en oro cuanto toca, atrae el alma de los muertos y adormece o despierta a los mortales.

En Roma, llegado el día de los idus de mayo, los mercaderes sacrificaban a Mercurio y a su madre Maya. Le ofrecían incienso en el templo consagrado al dios, en las inmediaciones del circo Máximo. "Cerca del templo mana la fuente de Mercurio; cuyas aguas están dotadas de prodigiosa virtud; allí acude el mercader ceñida la túnica; con ellas llena un vaso purificado, y puro él también, rocía con ramo de laurel mojado en aquella agua, cuantos objetos tiene a la venta. Sacude después sobre su cabeza la húmeda rama, y con la voz que por lo común emplea en el fraude, pronuncia estas palabras:

Borra ¡oh dios! mis perjurios pasados y las falsedades que de mis labios han salido, así haya invocado en apoyo de una impostura tu nombre o el nombre augusto de Zeus, que no me oiría. De cualquier modo que haya querido burlar a algún dios o diosa. Haz, oh Mercurio, yo te lo ruego, que los vientos ligeros se hayan llevado mis negros propósitos. Ten igualmente piedad de mis falsedades futuras; si en ellas incurro haz que pasen para los dioses desapercibidas. de ti espero que me des el lucro, el contento que a éste acompaña, y que redunden siempre en mi provecho los tratos con los compradores".

La gran multitud de atribuciones señaladas a Hermes, dio motivo a los poetas, para quejarse en nombre del dios, de su atareada existencia, e inspiró a Luciano una composición en que atribuye a Mercurio las siguientes palabras:

"¿Puede darse deidad más infeliz que yo, agobiado por tantos y tan distintos quehaceres. Solicitado aquí, invocado allá, a todas horas a disposición de los demás sin tener jamás un punto de reposo? Por la madrugada me toca limpiar la sala del banquete, luego que he extendido las alfombras para la asamblea y que lo he puesto todo en orden, me presento a Júpiter y transmito sus mandatos arriba y abajo. Regreso cubierto de polvo y sudor y ya me aguardan para distribuir la ambrosía, siendo también yo, antes de la llegada del actual copero, el encargado de servir el néctar. Es realmente triste que sea yo el único, entre los inmortales, que no cierre los ojos en toda la noche, ya que me toca acompañar a las almas al reino de Plutón y por añadidura sentarme en el augusto tribunal. Y como si fuera carga liviana estos trabajos, y asistir a las palestras, y ser heraldo en las asambleas, y dar lecciones a los oradores, todavía ha de pesar sobre mí cuanto a los funerales se refiere.

La representación de Hermes muestra esencial variación, según pertenezca aquella a las tradiciones del arte arcaico, o a la de la escuela ática. En los monumentos del primer estilo, aparece el dios como hombre en la madurez de la edad, con poblada y larga barba; sus cabellos le caen en trenzas sobre el pecho, y es grave y severa la expresión de su rostro. La dignidad de su semblante, sienta bien al que es celeste heraldo, indicando la majestad de las funciones de que se halla revestido. Muy distinto se hace Hermes para el arte después de la guerra del Peloponeso: Cesando de ser el hombre reflexivo y maduro, se convierte en apuesto mancebo, en el prototipo de los jóvenes griegos que buscaban en los gimnasios vigor y belleza. Su pecho robusto, sus miembros aunque enjutos, fuertes y bien proporcionados, parecían formados para la carrera y la lucha. La clámide, echada a la espalda o arrollada al brazo, descubría su gallardo cuerpo; su noble rostro expresaba, más que todo, penetración y astucia. Alguna vez se le pinta con clámide mitad blanca y mitad negra, como emblema de su carácter crepuscular, y por igual motivo aparece en algunos monumentos con medio rostro iluminado y el otro medio entre sombras; símbolo de la elocuencia, que arrastra a todos tras de sí es la dorada cadena que sale de su boca, y para expresar su discreción, se le pintó algunas veces con el dedo en los labios.

En los tiempos de la decadencia se creó la figura de Hermafrodita, ser que participa, en un solo cuerpo, de las cualidades de Hermes y Afrodita.

Interpretación:

a).- Hermes o Mercurio es la representación de un órgano con muchas atribuciones y funciones del cuerpo humano. El hecho de ser hijo de Maya, la tráquea, hija de Atlas, las vértebras cervicales, indica que está en el cuello. Por haber sido simbolizado con tres o cuatro cabezas, en los cruces de los cambios, y por la fusión que se hace de Hermes con Afrodita, se identifica con las glándulas Paratiroides. Este órgano está formado por tres o cuatro "gránulos" glandulares, adosados directamente a la Tiroides, en el lado anterior de ésta. En las distintas especies animales, y en los diferentes individuos humanos, los cuerpos paratiroides varían de dos a cinco, aún en los individuos de la misma especie. Por las diferentes funciones señaladas a este órgano, en la antigüedad, vamos a separar a éstas en grupos diferenciados.

b).- La leyenda del nacimiento de Hermes y el robo de las vacas de Apolo, nos indican algunas de las características psicológicas, que este órgano induce en la mente humana, según los antiguos: La ambición y la avaricia, el robo, la mentira, el fraude, el disimulo, el fingimiento, la falsedad, la malicia, la cara dura, el cinismo, la socarronería, el juramento en falso, la perfidia, la astucia, la audacia, el juego de palabras, la falta de escrúpulos, el juego sucio y la doblez, la desvergüenza, el descaro, la sordidez, la codicia, la ruindad, las trampas, los chismes, las triquiñuelas, los ardides, la intriga, las falacias, los enredos, los sofismas y los subterfugios, las engañifas y las coartadas, rasgos que aparecen delineados en toda la leyenda y vida de Hermes y en la venganza que toma, este dios, sobre el viejo Bato.

La leyenda también nos deja ver la poderosa influencia psicológica que ejerce este órgano sobre la mentalidad humana. Siendo el último en nacer, el último, por decirlo así, "impulso instintivo" en manifestarse, se apodera de todo el territorio mental, de toda la psique humana, que en esos momentos estaba completamente bajo el influjo de Apolo, los testículos. Hermes o Mercurio o las Paratiroides, "está" al frente de las actividades de la apropiación, de las actividades económicas y de la actividad política, del ser humano.

Al comienzo de la adolescencia los Testículos se "apoderan" de la mentalidad humana y empujan al hombre al "flirteo", al noviazgo, a fiestas y actividades sociales que propician el trato, la consumación del matrimonio, y la unión sexual. Todas estas actividades, por lo que tienen de social, están apoyadas también por Afrodita, (diosa del amor).

Después de la adolescencia el joven debe pensar en una actividad económica que le permita subsistir y mantener a una familia. Ya vimos en la leyenda de Cronos, el Timo, que éste es antagonista de los Testículos y de la Paratiroides. Cuando los Testículos son impulsados por las gonadotropinas de la Hipófisis anterior, éstos deprimen, "matan", al Timo y entonces, las Paratiroides, libres también de la acción frenante de éste órgano, empiezan a trabajar plenamente, impulsando al ser humano a las actividades económicas. De esta manera las Paratiroides son el último órgano que manifiesta su trabajo psicológico sobre la mente humana, impulsando a la satisfacción de una necesidad vital. Como lo hace después de los testículos, es por lo que se dice que fue el "último dios", "Hijo de Zeus", que "Nació en El Universo.

El robo de las vacas de Apolo, significa que se apodera de los centros psicológicos o zonas cerebrales, en mayor grado que los testículos, desplazando a éstos, de la influencia preponderante que ejercen sobre el psiquismo humano.

La lira es el símbolo de las cuerdas vocales. Se decía que Apolo fue inventor de ésta, recuérdese el engrosamiento de la voz, que provocan los testículos en la adolescencia. Pero como las Paratiroides, HERMES, manejan los mecanismos psicológicos del adulto, es por lo que se dice que inventaron la lira.

c).- Como dios de los pastores, este órgano impulsa a la crianza de ganado. La ganadería fue la primera actividad humana de tipo económico, productora de verdadera riqueza. Esta actividad humana es el antecedente de las actividades financieras que tienen como base el "capital". En la lengua latina pecus-pecunia se aplicaba originalmente al ganado, más tarde llegaron a ser aplicadas a las riquezas monetarias. Las grandes riquezas, como los ganados, "casi" se reproducen solas, únicamente hay que vigilarlas.

d).- Como dios de los rateros, esta glándula impulsa también a la apropiación ilícita de los bienes ajenos. La sangre fría del que roba, la habilidad en los dedos y la rapidez en los pies, deben ser el resultado del nivel óptimo del calcio ionizado, del suero sanguíneo y tisular, que las Paratiroides establecen. Este calcio ionizado facilita el paso de la corriente nerviosa, favoreciendo así la rapidez de las reacciones y el control motor y "nervioso", emocional, del individuo. Cuando el nivel de este calcio se altera, la persona puede caer en el sopor, si es demasiado alto; y en crisis o ataques de tetanía, si es demasiado bajo. Además, las personas con un nivel de calcio ionizado variable e inadecuado, son muy nerviosas, carecen de control motor y emocional, no tienen dominio de sí mismos. Para las personas con poco dominio es difícil ocultar sus reacciones cuando mienten o cuando están en aprietos. Las personas con dominio propio pueden, mentir, fingir y ocultar con sus palabras y actitudes las intenciones que realmente tienen en mente, saben disimular y salen airosas de cualquier situación comprometedora. Es más, no solo, no temen a las situaciones difíciles, sino que las buscan y gustan de riesgos y especulaciones, económicos y financieros.

e).- Como dios de los políticos favorece la elocuencia, la persuasión, la audacia, y la demagogia. Los políticos requieren de la especulación demagógica. Necesitan también de la persuasión y de la sagacidad y de la astucia para ganar apoyo y amigos, y evitar y librarse de las trampas de sus enemigos, además de la malicia necesaria para provocar tropiezos en sus oponentes.

Estas acciones estarían favorecidas, si las Paratiroides ejercen sobre los mecanismos mentales, la influencia necesaria para favorecer un pensamiento rápido y una producción fácil y fluida de palabras y argumentos, aunque éstos no estén siempre de acuerdo con la verdad, la lógica y la justicia.

Por medio del control del flujo nervioso a nivel cerebral y orgánico, estos órganos deben favorecer los buenos modales, la elegancia cortesana y los movimientos gráciles, galantes y gallardos, que son los lubricantes de la política y de la diplomacia. La cortesía, las caravanas, los cumplidos, la exquisitez del trato pulido, las formalidades y el protocolo de la política, estarían presididos por este órgano, por medio del impulso de las GRACIAS sociales. Por esto fue llamado también, como Venus-Afrodita, Karidotes: el que otorga las Gracias.

Ya que a él estaban encomendados los tratados de paz, alianza y comercio, indudablemente está también a la cabeza del todo el jugo diplomático entre las naciones. El grupo se apodera de un territorio y de aquí nace toda política territorial. La acción de HERMES se manifiesta, también, en las tareas de inteligencia-contrainteligencia, espionaje-contraespionaje e información-desinformación, indispensables en el gobierno interno de las naciones y en las relaciones internacionales, en donde todas las naciones se comportan como lo que son: Rivales. Bien se podría decir de esta deidad que es el prototipo y modelo de los embajadores. Junto con las GRACIAS, este órgano otorga la afabilidad, la sonrisa "diplomática", la sociabilidad relacionada con los aspectos políticos y económicos, la simpatía, los favores que se obtiene como privilegios y canonjías, las condecoraciones, etc.

f).- Este órgano impulsa toda acción económica, así como el comercio y favorece el lucro. Es inventor de los juegos de azar.

Como inventor de los juegos de azar promueve el intercambio de riquezas y como promotor de la economía, también: Sea por el comercio normal, o por el robo, o por el juego, o por la apuesta, o por medio del azar que intervienen en los tipos de juegos, como los dados, las cartas, y actualmente como la ruleta, las carreras de caballos y la lotería.

g).- Hermes es protector de los viajeros. En general los primeros viajeros fueron los comerciantes, que llevaban sus mercaderías a otros grupos o naciones. Esos comerciantes pedían y obtenían permiso de las autoridades propias y ajenas, para actuar y moverse libremente, de acuerdo con sus ocupaciones. Más tarde fueron aprovechadas las actividades de estas gentes para establecer relaciones diplomáticas. Y es por lo que las relaciones comerciales internacionales, los tratados de paz y alianza, como base de la política, económica y territorial, fueron puestos bajo el amparo de HERMES, las Paratiroides, que realizan las funciones de "Heraldo y Mensajero de los Dioses", en el cuerpo humano. Su protección se extiende a todos los viajeros y emigrantes a quienes les daría el carácter audaz y diplomático que caracteriza a muchos extranjeros, ayudándoles, además, a aprender pronto y a expresarse en lenguas extranjeras.

h).- Hermes es inventor del alfabeto, de los números, de la geometría, de las pesas y medidas, de la astronomía. Es descubridor del fuego e inventor de la lira.

El alfabeto, los números o matemáticas y las pesas y medidas, son instrumentos necesarios para las transacciones comerciales. A los fenicios, los grandes comerciantes del Mediterráneo, se les imputa la invención del alfabeto. La geometría, como lo indica su nombre: Medición de la tierra fue una ciencia, aplicada en su origen, para deslindar los terrenos y propiedades. Los griegos decían que estas ciencias fueron desarrolladas bajo el impulso o inspiración de Hermes, las Paratiroides.

Como descubridor del fuego, estaría simbolizado por el hecho de que las Paratiroides, junto con la Tiroides, ejercen una poderosa acción de activación enzimática, actuando, por medio del calcio y el magnesio, sobre la síntesis del trifosfato de adenosina, sustancia que provee la energía o "fuego", que permite las reacciones bioquímicas que se realizan en todas las células de los seres vivos. Por otro lado, el calcio enzimático. Está en todas las células humanas lo mismo que el magnesio; estos dos elementos activan infinidad de fermentos o catalizadores químicos, de aquí las múltiples y variadas tareas y acciones de Hermes. Se podría decir que no hay reacción bioquímica en que no intervengan el calcio y el magnesio, regulados pos las Paratiroides.

i).- Hermes instituyó los sacrificios y las ofrendas a los dioses, fundó los misterios y a él se atribuyen las artes adivinatorias y las filosofías ocultas.

Lo anterior implica que este órgano, por un lado, establece las fórmulas conectadas con todo ritual y práctica religiosa. Por otro lado "viste" del ropaje filosófico-especulativo a todos los sistemas de tipo mágico-ocultista. Además, sería el órgano impulsor de todas las "mancias" o artes adivinatorias: La quiromancia, la geomancia, la nigromancia, la adivinación por las cartas, la adivinación por medio de la observación de las entrañas de animales, etc. Como inventor de la astronomía, es más seguro que lo sea de la astrología. Pues podemos señalar, de acuerdo con su carácter, que este órgano "es más amigo" de la especulación para-científica, que de la ciencia pura y verdadera. En este inciso queremos citar el hecho de que todo tipo de conjuntos de cartas o barajas, tienen en general cuatro palos o símbolos distintos y doce cartas relacionadas con cada símbolo. Estos símbolos pueden tener conexión o correspondencia con las cuatro bases del ácido desoxirribonucleico, por lo cual todo sistema de cartas sería una representación simbólica de la clave genética, base de la herencia humana o "Destino". Barajar las cartas, simbolizaría una entremezcla o recombinación de los cromosomas, resultando de esto que a cada persona le tocaría en suerte un destino, determinado por éste "barajeo" al azar. Desde luego que esta acción es solo un remedo de la recombinación que se lleva a cabo, realmente al nivel de los cromosomas,

j).- Hermes Psicopompo, o conductor de las Almas al Infierno, señalaría las funciones, no muy bien estudiadas y entendidas, que ejercen las Paratiroides sobre el metabolismo nitrogenado. En una obra sobre el trabajo de las glándulas, de un autor alemán, que no está ahora a mi alcance, se cita que las Paratiroides intervienen en el mecanismo de eliminación de la Urea y del Ácido Úrico. Estas dos substancias, son los productos finales de la desintegración de los núcleos, que son las "Almas" de las células muertas en el cuerpo y de los núcleos de las células que entran al cuerpo por medio de la alimentación. Las Paratiroides serían las conductoras de los restos de dichos núcleos o las fracciones de ellos, a los lugares de eliminación. El hígado, los riñones y seguramente al bazo, como veremos más adelante. Estas acciones las podría ejercer por su influencia sobre las sales de calcio, de las cuales se dice que reducen la producción de purinas. Cuando el metabolismo de la urea esta alterado estas purinas, producen el ácido úrico.

Por otro lado, cuando se desintegran los núcleos, se producen de una a tres moléculas de ácido fosfórico. Las Paratiroides actúan también regulando el equilibrio del fósforo y el calcio. Existe un medicamento en base de extracto de alcachofa que, actuando sobre las Paratiroides, modifica el metabolismo nitrogenado.

k).- El caduceo de Hermes, la vara en donde están enrolladas las dos serpientes; vara mágica que da la salud y las riquezas, es la médula espinal y las redes nerviosas simpática y parasimpática. Por medio de esta vara adormece o despierta a los hombres. Este símbolo significa que por medio de la regulación del calcio, las Paratiroides establecen la armonía funcional entre estas dos redes nerviosas que constituyen el cerebro "visceral" o autónomo, regulador de la actividad de todos los órganos. El sistema simpático en general acelera las funciones, y el parasimpático en general las retarda. En parte el simpático se relaciona con las emociones desagradables y el parasimpático con los estados placenteros. Las demandas de la vida, cada circunstancia, todo hecho, provocan la reacción de un sistema o del otro. Las condiciones meteorológicas, "los golpes de aire", las emociones, el psiquismo anormal, son causa de que un sistema predomine. Estas redes nerviosas pueden actuar, de acuerdo con las circunstancias, sintonizadas una con otra, o pueden caer en estados de distonía o alteración. Es posible que la normalidad funcional también sea alterada, cuando los órganos sufren lesiones o sobrecargas funcionales, y cuando se altera la carga eléctrica del medio ambiente o de los distintos terrenos corporales. Teniendo que haber un tono funcional de cada órgano, condicionado por las circunstancias, puede suceder, a veces, que dicho tono o funcionamiento este en contra de las pautas requeridas por el estado general, determinado por el simpático y el parasimpático. La terapéutica por medio de la acupuntura, las prácticas de relajación, la meditación profunda, tienden a obrar como armonizadores de las dos redes nerviosas, promoviendo generalmente el predominio del parasimpático. La sensación de estar bien, la calma, la paz interior, la salud en general, pueden ser el resultado de la armonía del sistema autónomo.

Las Paratiroides pueden actuar armonizando las funciones vegetativas, a través de la médula espinal, actuando sobre las dos redes nerviosas, según los griegos, y entonces se haría evidente por qué fue dicho que ésta "Vara" manejada por las Paratiroides, da la Salud. Los comerciantes, los políticos y los rateros, influidos por el psiquismo que impulsa esta glándula, y dotados con una sintonía neurovegetativa, serían capaces de hacer riquezas y triunfar, "estarían tocados por la vara mágica de Hermes".

El sueño y el despertar que produce este dios son tanto el sueño natural como el estado de vigilia, alerta y atención, que es distinto en cada persona, a pesar de que se diga que todos están despiertos.. Su acción sobre los sueños y ser señalado como severo censor de los hombres, implica que este órgano, tiene una profunda conexión con los mecanismos inconscientes de la mente.

l).- Las tres o cuatro cabezas de Hermes (eran piedras en los tiempos primitivos), puestas en los cruces de las calles y los caminos, es el símbolo de que dichas glándulas varían, en las diferentes personas, teniendo algunas tres y otros cuatro cuerpos glandulares paratiroides.

m).- En los últimos tiempos se creó el símbolo de Hermafrodita. Este ser no representa a una posible bisexualidad o intersexualidad humana, sino que es el símbolo, de que la paratiroides y la tiroides están unidas anatómicamente. Es posible que también represente a un complejo psicológico, resultado de la interacción funcional negativa entre las dos glándulas, quedando, El Funcionamiento de cada glándula "trabado", estorbándose una a otra, puesto que de acuerdo con la leyenda de HERMAFRODITO, con este ser están conectados el sonrojo y la timidez.

n).- Aquí cabe especular sobre la acción de las glándulas Paratiroides que por medio de su parathormona y de la vitamina D, ejercen sobre el metabolismo y equilibrio del calcio y el fósforo. Se sabe que entre los minerales del cuerpo hay un equilibrio que determina que unos y otros se complementen o contrarresten en sus funciones. Hay una serie de equilibrios entrecruzados entre el potasio y el sodio, y entre el calcio y el magnesio. Otros grupos de minerales se relacionan uno con otros: como el calcio y el fósforo; el calcio-magnesio-yodo. En general, de acuerdo con las funciones atribuidas a Hermes, se puede pensar que por medio del calcio, todas las reacciones del balance mineral orgánico, son influidas a través de este metaloide, que representaría dentro del cuerpo: "a la moneda inter-orgánica", que actúa regulando todo intercambio metabólico. "Esta moneda" sería el precursor o prototipo social de la moneda como símbolo de valor, usada en el intercambio de los productos y servicios. El magnesio y el calcio, a la vez, se complementan y contrarrestan en sus funciones, su equilibrio puede significar la paz, la tranquilidad y la salud del ser humano. Los medios económicos escasos, provocan el mayor malestar social. Una economía sana es base de la paz social. Antes se decía, en los libros místicos-oculistas, que "lo que está arriba es igual a lo de abajo". Ahora se podría decir que "lo de afuera es igual a lo de adentro", por esto puede decirse que este órgano es el de la banca, de la bolsa de valores y el de las finanzas. Las sociedades humanas, sus instituciones, "son reflejo o proyección" de lo que sucede en el interior del cuerpo.

o).- Finalmente, aunque no pertenece a esta mitología, queremos señalar la siguiente leyenda de los nutcas, una de las tribus aborígenes del nuevo mundo, consignada en la obra "El lenguaje y la Vida Humana", de Mauricio Swadesh, publicada por el Fondo de Cultura Económica. México: "En nuestra médula espinal están diez viejitos, que forman nuestra mente. Cuando todos ellos se ponen de acuerdo, sabemos lo que debemos de hacer, y lo hacemos felices. Pero si cinco ven hacia a un lado y cinco hacia el otro, dudamos y estamos tristes..."Aparte del fondo psicológico que esta leyenda encierra, podemos ver, como estas gentes instruyeron el trabajo del sistema autónomo, actuando sobre los órganos. Se podría pensar en un tablero de luces, en donde cada señal indicaría el trabajo de un órgano. El interjuego de estas luces, sus pautas, sus secuencias, señalarían la armonía o desarmonía de los órganos, con su correspondiente estado psicológico.

# 6.- SINOPSIS PARCIAL DE LA SERIE

En los sistemas religiosos de la India (capítulo 9), "Brahm" o "Bráhman", es el Dios espiritual e invisible, de quien provienen: Brahma, el ADN o Genoma de la humanidad; Visnú, el ADN de un ser humano determinado; Siva representa al ARN, el opositor, el enemigo... el ADN es el Ácido Desoxirribonucleico, el ARN es el acido ribonucleico.

En las religiones monoteístas, Dios, es creador de todo, está más allá del Genoma, que es su creatura.En el Judaísmo (capítulo 14), Dios es un ser: Uno personal, espiritual, invisible y viviente y creador de todo, desde la nada.

Interpretación biológica del el Génesis: los seis primeros días de la creación, son REALMENTE DÍAS DE 24 HORAS y, además, las primeras seis etapas de segmentación del óvulo fecundado. En estos días Dios hace toda la creación. Crea todos los cimientos del cuerpo y los accesorios placentarios. En el sexto día de la fecundación, el embrión se implanta en el útero, y empieza el proceso para que este se alimente con la sangre de la madre, y por esto se dijo que Dios descansa en el séptimo día.

Coloca a Adán y a Eva en el Jardín del Edén (el útero, este órgano coincide con el paraíso terrenal. En el cerebro humano hay una zona que es el Paraíso Celestial). Pero como el día en que hizo Dios la Tierra y los Cielos, no había aún en la tierra, la mórula, arbusto alguno del campo, y ninguna hierba del campo había germinado todavía, (todavía no había ningú órgano), pues Dios no había hecho llover sobre la tierra ni había hombre que labrara el suelo. Pero un manantial que brotó de la tierra regó toda la superficie del suelo. Entonces Dios formó al hombre con "Lodo del polvo del suelo (la sangre de la madre). La sangre, es un "lodo" de sustancias alimenticis, que provienen vía animales y vegetales que comemos y el proceso empieza en el suelo.

En los primeros seis días, con las divisiones del óvulo, se establecen, solamente, los cimientos o esbozos de los futuros tejidos y órganos. En este momento solo hay puntos celulares o centros organógenos, que van a dar origen a futuras células, tejidos órganos y sistemas. Porque todavía no había llovido, todavía no había circulación sanguínea. La tierra (el futuro cuerpo) fue irrigada por la sangre materna a través del cordón umbilical. esta sangre es como un lodo, o polvo con liquido, que tiene disueltos los nutrientes requeridos. Esta sangre viene siendo un lodo alimenticio. y así fue hecho el hombre, como un ser racional.

Adán (nótese el parecido del nombre con ADN, aunque, a decir verdad, es una mera coincidencia que no demuestra nada, puesto que las lenguas semíticas no tienen que ver con el griego y el latín, de donde viene acido desoxiribonucleico).

Adán, es el ADN másculino, y también es el espermatozoide "Y", es el hombre (y otros símbolos más). Eva, es el ADN normal y el mitocondrial, o sea que los dos conforman al Genoma humano, y también es el óvulo y la mujer.

Dios hace al hombre, dice el Génesis de la Biblia, y en este texto se halla en seguida: "macho y hembra los creó".

En otra parte, más adelante, dice: el Señor hizo caer a Adán en un sueño profundo, le quitó una costilla y con esta hizo a Eva. Estas palabras han sido un enigma desde hace siglos (tal vez desde hace miles de años, para los exégetas juDios, por ejemplo Filón de Alejandría, y luego para los cristianos): el problema era: primero, Adán es hecho macho y hembra y luego viene la creación de Eva de una costilla de Adán. aparte de algunas elucubraciones que llegan a lo fantástico: por ejemplo decir que hubo dos hembras, la primera era Lilith y la segunda era Eva (esto está consignado así en la Kabaláh y es cierto, pero no aclara el problema), La respuesta más aceptable para todos fue, que primero en forma general Dios crea a los dos sexos y luego en lo particular se relata como fue hecha Eva. el enigma era la frase: "macho y hembra los creo": en el Génesis dice así, al pie de la letra: "...hagamos al hombre a nuestra imagen y semejanza: que tenga autoridad sobre los peces del mar, sobre las aves del cielo, sobre los animales del campo, las fieras salvajes y los reptiles que se arrastran sobre el suelo": y creó Dios al hombre a su imagen, a imagen de Dios lo creó. varón y hembra los creó... (en lengua hebrea adam es igual a hombre; con artículo ha-adam se aplica a la humanidad, como en español: el hombre en general), la interpretación biológica que admiten los pasajes citados, es que el hombre tiene un cromosoma "x" y uno "y". por tanto genéticamente es varón y hembra. Los testiculos del hombre por tanto producen espermatozoides masculinos y femeninos. o sea que se puede decir que Dios creó al/a los espematozoide(s), macho y hembra los creó. Después Dios crea a Eva de una costilla de Adam, o sea que, un espermatozoide hembra(x), de Adan, se une al óvulo que es hembra siempre(x), y así, hace a la mujer xx. El Óvulo aporta una X, el espermatozoide femenino, la otra X, este es la costilla de Adán.

El diluvio es la descripción, la secuencia lógica, de un embarazo humano, que es el relato con el que empieza la Biblia. La gran inundación es la del líquido que va entrando e inundando la bolsa amniótica y es la causa del aumento del volumen del vientre materno. En este líquido va a flotar el producto. En este punto la mitología griega dice Hércules, el feto humano, al crecer causó una gran expansión en el universo, el cuerpo materno.

Se va a citar el diluvio salteado, solo con los datos relevantes:

...cuando Noé contaba con seiscientos años de vida, el día diecisiete del segundo mes del año, brotaron todos los manantiales del mar, mientras se abrían las compuertas del Cielo. Estuvo lloviendo sobre la tierra cuarenta días y cuarenta noches...

...ese mismo día entró Noé en el Arca, con sus tres hijos, su esposa y sus nueras... junto con los animales de cada especie... como había ordenado el Señor, (Dios le había ordenado: meterás en el Arca una pareja de cada ser viviente... de todos los animales puros tomarás contigo siete parejas de cada especie. cada una con su macho y su hembra... de los animales impuros tomarás un macho con su hembra...

El diluvio cayó cuarenta días sobre la tierra. Crecieron las aguas y elevaron el Arca. Las aguas duraron ciento cincuenta días sobre la tierra...la lluvia cesó sobre la tierra...el diecisiete del séptimo mes el Arca se posó sobre el monte Ararat…las aguas siguieron bajando hasta el més décimo… después de cuarenta días…Noé soltó una paloma…el año seiscientos uno de la vida de Noé, el día veintisiete del segundo mes…Dios le dijo a Noé sal del Arca…

Interpretación:

El Arca es el paquete de células embrionaris que como un tabique centrado, redondo, divide en dos a la mórula esférica, que está llena de líquido, entonces el tabique celular separa esas aguas, que quedan como las aguas de arriba y las de abajo", llamadas los Mares. El paquete embrionario fue llamado Tierra, el cuerpo humano futuro.

Los animales que mete Noé al Arca "son un par de cada cromosoma, que entran en las células germinales del embrión, y que migran desde el saco vitelino", hasta los primorDios de los ovarios o de los testículos, cerca del nefrón. Estas células van a producir los óvulos o los espermatozoides que van a dar origen a la siguiente generación. Por esto último la Biblia dice: para repoblar la Tierra.

Todo este proceso se lleva a cabo desde el segundo mes del año seiscientos de la vida de Noé, hasta el segundo mes, más diez días, del año seiscientos uno de Noé, o sea que duró diez meses lunares más diez días. el proceso dura 280 días, tiempo de la gestación humana. lo siguiente aclara más el problema.

Llueve cuarenta días y cuarenta noches (40). siguen subiendo las aguas durante 150 días… (190). empezaron a descender el día diecisiete del séptimo mes…las aguas siguieron bajando hasta el mes décimo. en las aguas del líquido amniótico (tres meses=84 días+190=274 días). flota el Arca= flota el producto durante 274 días). Después de mantenerse estable, la cantidad de líquido empieza a descender hasta el momento del nacimiento. En el relato hay más datos que confirman todo esto, por ejemplo: que las aguas subieron al Arca muy por encima de la Tierra. el abultamiento de la gravidez estaba muy por encima del cuerpo. Sobrepasó las altas montañas: los senos.

El sueño de Jacob. En un sueño, Jacob-Israel, ve una escalera, que apoyada en la tierra llega hasta las nube y, arriba, Dios la sostiene. por la escalera suben y bajan ángeles (en la interpretación biológica del fenómeno religioso, "interpreto como ángeles a las enzimas. Esta es una clarísima visión del Genoma que, apoyado en tierra, o sean todos los elementos químicos que contiene y lo componen, es sostenido por Dios desde lo alto, lo que le da la vida; los ángeles son moléculas de ARN y todas las enzimas que rodeando y a lo largo al Genoma, ayudan a adminitrar y a gobernar al universo.

Los relatos de Ezequiel y Daniel, en los que ven a Dios en su Carruaje-Trono (la Divina Merkabáh), es la visualización del Genoma, junto con cuatro animales vivientes, Las cuatro bases, o nucleotidos nitrogenados, o escalones del ADN; Dios solo es visto, arriba de la estructura, como una tenue figura humana, SENTADA EN SU TRONO. Los cuatro santos animales vivientes (jayoth), o Querubines, organizados en miles de millones de escalones, conforman el carro de Dios: la Merkhabá.

El judaísmo anuncia y espera a un futuro Mesías, EL UNGIDO. En el cristianismo (capítulo 15), Jesús es el Mesías. También, aparte del histórico, hijo de María, es el Logos-

Genoma o el ADN-Dios. él es la (/las) palabra(s) o verbo(a) o Logos (oi) de Dios. él es también el Verbo Encarnado: el Genoma Encarnado, el cuerpo humano. San Juan dice en el cuarto evangelio:

En el Principio, de la vida, de Jesús, de todo ser humano, era el Logos, en el Logos esta Dios y el Logos es Dios. Luego dice que el Logos se encarno... por Él, por el Logos-Cristo, fue hecho todo. Esto se interpreta en dos planos: en el Principio (igual que en el Génesis), fue hecho el primer Genoma, el Logos, la Palabra, digamos hace 3mil 500 millones de años, en este Genoma estaba Dios y el Genoma era Dios. toda la creación fue hecha para el Genoma-cuerpo humano-Cristo. la encarnación del Logos, simboliza la producción de un cuerpo, por la división-multiplicación del Genoma de toda célula primigenia. Jesús volverá. Aparte del Jesús historico, Él vendrá una segunda vez entre las Nubes del Cielo, como lo anunció, en manifestación gloriosa y biológica, según el Apocalipsis: "entonces habrá un órgano más en el cuerpo humano" (en medio de las dos partes de la hipófisis), que será Emmanuel: Dios con/en nosotros. así lo dice San Juan evangelista en el Apocalipsis, cito de memoria y salteado:

Veo venir entre las Nubes del Cielo (entre la masa cerebral), a uno como hijo de hombre (como órgano humano), pero es el cordero (Cristo el Mesías esperado), viene para sus bodas con la Nueva Jerusalem (la glándula hipófisis nueva, en donde estará el Mesías.)...Ahora solo está como un botón, como un brote, como un cogollo, como un pimpollo, así lo llaman los Profetas. Y entonces veo un Nuevo Cielo y una Nueva Tierra.

Lo que ve, Juan, es un nuevo diseño de la cabeza y del cuerpo del ser humano. Este concepto, de un futuro nuevo cielo y una nueva tierra se halla, también en otras mitologías: en la persa, y en la germánica, "al final del Crepúsculo de los Dioses (ver el libro). y en una forma u otra en todas las mitologías y religiones se espera a ese Mesías prometido. Ahora ese Mesías está solo como un primordio, como un brote, como un renuevo, esta en ciernes, ahora como la tercera parte de la hipófisis humana, apenas es un tenue tejido celular que separa a la hipófisis anterior y a la posterior, esta última es su madre, María, que está encinta de "este Embrión-Emmanuel, Dios con/en nosotros".

En la Kabaláh (capítulo 16), se encuentra la enseñanza del "Árbol de la Vida, (el Genoma) con sus diez Sephiroth), que en cuatro planos, proporcionan un punto de vista del desarrollo de un ser humano. Las 22 letras del alfabeto hebreo representan a los Pilares del Universo, el hombre: son las 22 proteinas posibles que forman el Microcosmos-Genoma, que se corresponde con el Macrocosmos-ser humano; el "Microcosmos-ser humano", se corresponde con el Macrocosmos-universo, espacio donde está todo lo que existe. En esta obra del misticismo judío, se halla Metatrón, ángel Secretario de Dios, que es el único ser sentado al lado del trono. Llamado por esto Yahvé el Menor (Yahvé the Lesser). este ser proyectado como órgano puede ser la glándula hipófisis, asiento del Espíritu Santo.

El Anciano de Días, uno de los nombres de Dios, es el Genoma. El Genoma de un niño recién concebido o acabado de nacer, es un Genoma de días, pero sabemos que esta estructura se manifiesta desde hace millones de años, por esos millones se le llama Anciano, por acabado de nacer de días. Al contrario podemos decir que ese Genoma recién manifestado es un niño de millones de días-años de edad.

En la Kabaláh hallamos también tres Toroth (plural de Toráh, la Ley) (simbólicamente): la primera Toráh, es el Genoma adámico, o Genoma humano original, antes de la caída. La Segunda, es el Genoma actual, susceptible y paciente de errores, defectos y taras, que causan vicios, enfermedades, sufrimiento, dolor y la muerte. El Genoma-la Tercera Toráh, es el futuro Genoma, que contendrá nuevas palabras, nuevas frases: nuevas combinaciones de los escalones o nucleótidos: los que van a originar el Nuevo Cielo y la Nueva Tierra, a una nueva humanidad.

Y entonces ya no existirá ni el mar, ni el mal, ni la violencia, ni la enfermedad, ni el dolor ni la muerte palabras de Cristo-Emmanuel en el Apocalipsis. Apocalipsis quiere decir Revelación, de Jesucristo a Juan:

Esto es solamente una mínima parte de todo lo que se analiza e interpreta en cada capítulo del libro. Cada símbolo, en la obra es interpretado amplia y exahustivamente. Faltan datos de muchas más Mitologías: por ejemplo en la creencias de los Meshicas. Ellos Llamaban Teotl al Dios invisible y espiritual. Teotecuhtli, Dios masculino. Teocihuatl, dios femenino. Llamando también a todos los citados: Ometeotl, Ometecuhtli y Omecihuatl a los tres, esos nombres significan, dios dos o dual o doble, dios masculina dos o dual o doble, y diosa dos, dual o doble. Tecuhtli es señor y cihhuatl señora, Señor dos y Señora dos. La interpretación que admiten que dios es dole, un dios masculino doble y una diosa doble. El

OME, dos o dual o doble coloes el Genoma con dos largueros unidos por travesaños, una escalera.

Queda a sus órdenes autor: Héctor Juárez y Zolá: ciudad de México pueden encontrar los Libros en www.orosolido.com.mx Nancy r. estando en la página de orosolido, a media página a la derecha, donde hay dos libros rojos hacer click. Leer todo hasta el final, que es un ejemplo de la interpretación.

O la hallan poniendo mi nombre así en facebook: héctor juárez y zolá, así también: Facebook el gema adn es dios, y en la red solo poniendo mi nombre completo; en youtube igual con solo mi nombre.

Made in the USA
Monee, IL
05 November 2026

67380087R00090